JavaScript

函数式编程思想

潘俊 著

人民邮电出版社

北京

图书在版编目（C I P）数据

JavaScript函数式编程思想 / 潘俊著. -- 北京：
人民邮电出版社，2019.1
ISBN 978-7-115-49993-6

Ⅰ. ①J… Ⅱ. ①潘… Ⅲ. ①JAVA语言—程序设计
Ⅳ. ①TP312.8

中国版本图书馆CIP数据核字(2018)第251368号

内 容 提 要

　　本书主要介绍了函数式编程的基础理论、核心技术、典型特征和应用领域，以及它与面向对象编程的比较。本书既广泛介绍函数式编程的思想，也结合 JavaScript 的特点分析其应用和局限，注重从本质和内在逻辑的角度解释各个主题，并辅以相关的代码演示。对于函数式编程涉及的 JavaScript 语言本身的特性，以及与面向对象编程的比较，在书中也给予了重点讨论。

　　本书适合希望学习函数式编程的 JavaScript 程序员阅读，对一般的函数式编程理念感兴趣的读者也可以将本书作为参考。

◆ 著　　　　潘　俊

　　责任编辑　张　爽

　　责任印制　焦志炜

◆ 人民邮电出版社出版发行　　北京市丰台区成寿寺路 11 号

　　邮编　100164　电子邮件　315@ptpress.com.cn

　　网址　http://www.ptpress.com.cn

　　固安县铭成印刷有限公司印刷

◆ 开本：800×1000　1/16

　　印张：17.5　　　　　　　　2019 年 1 月第 1 版

　　字数：371 千字　　　　　　2024 年 7 月河北第 6 次印刷

定价：59.00 元

读者服务热线：(010)81055410　印装质量热线：(010)81055316
反盗版热线：(010)81055315
广告经营许可证：京东市监广登字20170147号

前言

伴随着 Web 技术的普及，JavaScript 已成为应用最广泛的编程语言之一。由于其在 Web 前端编程中的统治地位、语言本身的表现力、灵活性、开源的本质和 ECMAScript 标准近年来的快速发展，JavaScript 向各个领域渗透的势头仍然强劲。函数式编程的思想和语言原来仅仅在计算机学术圈中流行，近年来它的魅力越来越多地被主流软件开发行业所认识到。Scala、Closure 等语言的出现，C#、Java 等语言中引入函数式编程的功能都是这一趋势的体现。

传统的 JavaScript 开发主要使用命令式和面向对象的编程范式，并零星地结合了一些函数式编程的技巧。通过系统地介绍函数式编程的思想和技术，展现它在提高代码的表现力、可读性和可维护性等方面的益处，本书希望能让更多的 JavaScript 程序员了解并喜欢上这种优美而高效的编程范式。

本书内容共分为 9 章。

第 1、2 章介绍了与 JavaScript 函数式编程所用技术紧密关联的名称和类型系统的理论。

第 3 章简要介绍了函数式编程的理论基础：lambda 演算和 JavaScript 中函数的相关知识。

第 4、5 章介绍了函数式编程的基础和核心技术：一等值的函数、部分应用和复合。

第 6 章介绍了函数式编程的典型特征：没有副作用的纯函数和不可变的数据。

第 7 章介绍了函数式编程中进行重复计算的递归模式。

第 8 章介绍了函数式编程的重要领域：列表处理。

第 9 章系统地比较了面向对象编程和函数式编程。

野人献曝，未免贻笑大方；愚者千虑，或有一得可鉴。书中的不足之处，敬请各位读者批评指正。

潘俊

2018 年 10 月

资源与支持

本书由异步社区出品，社区（https://www.epubit.com/）为您提供相关资源和后续服务。

提交勘误

作者和编辑尽最大努力来确保书中内容的准确性，但难免会存在疏漏。欢迎您将发现的问题反馈给我们，帮助我们提升图书的质量。

当您发现错误时，请登录异步社区，按书名搜索，进入本书页面，点击"提交勘误"，输入勘误信息，单击"提交"按钮即可。本书的作者和编辑会对您提交的勘误进行审核，确认并接受后，您将获赠异步社区的 100 积分。积分可用于在异步社区兑换优惠券、样书或奖品。

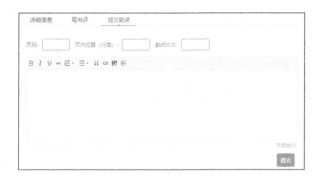

扫码关注本书

扫描下方二维码，您将会在异步社区微信服务号中看到本书信息及相关的服务提示。

与我们联系

我们的联系邮箱是 contact@epubit.com.cn。

如果您对本书有任何疑问或建议，请您发邮件给我们，并请在邮件标题中注明本书书名，以便我们更高效地做出反馈。

如果您有兴趣出版图书、录制教学视频，或者参与图书翻译、技术审校等工作，可以发邮件给我们；有意出版图书的作者也可以到异步社区在线提交投稿（直接访问www.epubit.com/selfpublish/submission 即可）。

如果您是学校、培训机构或企业，想批量购买本书或异步社区出版的其他图书，也可以发邮件给我们。

如果您在网上发现有针对异步社区出品图书的各种形式的盗版行为，包括对图书全部或部分内容的非授权传播，请您将怀疑有侵权行为的链接发邮件给我们。您的这一举动是对作者权益的保护，也是我们持续为您提供有价值的内容的动力之源。

关于异步社区和异步图书

"异步社区" 是人民邮电出版社旗下 IT 专业图书社区，致力于出版精品 IT 技术图书和相关学习产品，为作译者提供优质出版服务。异步社区创办于 2015 年 8 月，提供大量精品 IT 技术图书和电子书，以及高品质技术文章和视频课程。更多详情请访问异步社区官网https://www.epubit.com。

"异步图书" 是由异步社区编辑团队策划出版的精品 IT 专业图书的品牌，依托于人民邮电出版社近 30 年的计算机图书出版积累和专业编辑团队，相关图书在封面上印有异步图书的 LOGO。异步图书的出版领域包括软件开发、大数据、AI、测试、前端、网络技术等。

异步社区

微信服务号

目录

第 1 章

名称

一般对函数式编程的介绍都会从一等值和纯函数等概念开始，本书却准备在那之前先用一些篇幅讨论两个通常未得到足够重视的主题：名称和类型系统。前者包括名称绑定、作用域和闭包等内容；后者包括类型的含义和划分、强类型和弱类型、静态类型和动态类型，以及多态性的内容。理解这些概念对编程很有意义，无论是使用哪种语言，采用什么范式。具体到本书的核心，使用 JavaScript 进行函数式编程，在理解以上普适概念的基础上，掌握它们在 JavaScript 中的特定表现和行为，又具有格外的重要性。这一方面是因为 JavaScript 长期以来被认为是一种简单的脚本语言，缺少在通用知识背景下对其特性和行为的分析，以致对其行为的认识往往是零碎但实用的。另一方面是因为名称和类型系统与 JavaScript 的函数式编程有着紧密的关联。嵌套函数和闭包是 JavaScript 的函数式编程离不开的技术，鸭子类型是 JavaScript 借以实现函数式编程通常具备的参数多态性特征的机制。这些内容都将在下面两章中得到充分的讨论。

1.1 名称绑定

编程语言中有许多实体：常量、变量、函数、对象、类型、模块。从计算机的角度来看，所有这些都是用它们在存储器中的地址来代表的。要人们记住这些地址，并用它们来思考，当然是不可能的。就像在生活中和处理其他领域的问题一样，人们给编程语言中的实体以名称。所谓名称绑定（Name binding），是指将名称和它所要代表的实体联系在一起。编程语言中的名称通常又称为标识符（Identifier），它是字符序列，在许多语言中，能使用的字符种类会受到限制，例如 JavaScript 中的标识符只能由字母、数字、$和_组成，并且不能以数字开头。广义来说，编程语言中所有可用的名称都经过了绑定，包括在语言设计阶段绑定的关键字（如 if、while）和操作符（如+、.），我们这里关心的仅仅是程序员在代码中使用的标识符和它们所代表的实体之间的绑定。

名称绑定有 3 个要素：名称、实体和绑定。创建名称绑定因而也就包含 3 个动作：创建名称、创建实体和绑定。创建名称通过声明（Declaration）完成：声明变量、声明函数、声明类型等。实体的创建方式随其类型而变化，数字、字符等原始数据类型的值只需写出其字面值（Literal），更复杂的数据类型值根据所用语言的语法创建。绑定则通过给名称赋值完成。在有些场景中，创建实体和绑定会在创建名称后自动完成。例如在许多静态类型的语言里，声明的数字变量若不赋值，会初始化为 0。在另一些场景中，创建名称、创建实体和绑定这 3 个动作是一并完成的。Java 中声明类型和 JavaScript 中声明函数都属于这种情况。

　　名称和实体是相互独立的存在，它们之间的绑定也不是一一对应的。名称可以不绑定任何实体，如 JavaScript 中已声明但未赋值的变量；也可以同时绑定多个实体，如操作符和方法重载（JavaScript 是弱类型的，所以没有方法重载的概念，目前也不支持自定义操作符重载，不过也用到了重载，+操作符就是如此）。反过来，实体可以不绑定任何名称，如表达式中未被赋值的对象；也可以同时绑定多个名称（这种现象称为别名 Aliases），如通过赋值多个变量都指向同一对象。

　　在程序运行过程中，名称和实体都有自己的生存期（Lifetime），从创建开始，到销毁结束，两者并不一定重合。实体可以延续比某个名称更长的时间。例如调用函数时传入某个对象参数，在该函数内参数名和对象之间构成绑定，到函数返回时名称失效，但在调用该函数的代码里对象仍然生存。在特殊情况下，名称的生存期也可能比其中的实体更长。例如在 C++中可以手工销毁对象，在以引用方式传递对象参数时，若在被调用者内销毁该对象，调用者内关于该对象的名称还依然存在，此时的名称就成为悬空指针（Dangling reference）。

常量和变量

　　通常名称所绑定的实体是可以被更换的，这样的名称被称为变量，其绑定的实体称为变量值，通过赋值来更换变量值。程序中经常会用到一些固定的值，如引力常数、颜色代码、给用户提示的字符串，将它们绑定到专门的名称有诸多好处：有意义的名称可以充当所绑定值的注释；多次使用某个值时，用名称不容易输入错误，即使发生错误，编程语言的编译或运行环境也能发现和报告；一旦需要更换，用名称时只需修改一处，否则需要找出代码中所有使用该值的地方并修改。对于绑定这些值的名称，在程序运行过程中更换它们的值是不需要也不应该的。所以许多编程语言引入了称为常量的名称，它们的值只能在声明时绑定，之后不允许更换。

　　需要注意的是，常量的值虽然不能被更换，但并不能保证它不会发生改变。假如常量值是简单数据类型的，如布尔值、数字，那么确实不可能改变；假如常量值是复合类型的，如 JavaScript 中的对象，那么虽然不能通过赋值更换为其他对象，但是可以修改它的属性值。只有字符串等不可变的复合数据类型，才能够确保常量值不发生改变。关于简单和复合数据类型，将在第 2 章中介绍。关于数据的不变性，将在第 6 章中讨论。在 ECMAScript 2015 之前，JavaScript 只能通过 var 语句声明变量。ECMAScript 2015 新增了 const 语句以声明常量。

变量依据其与所绑定的值的关系，可以分为值模型（Value model）和引用模型（Reference model）。采用值模型的变量，可以看作值的容器，赋给变量的值就保存在容器中。变量值被更改，就在变量读写的位置就地完成。采用引用模型的变量，则是指向它所绑定的值的指针或者引用。变量值被更改，既有可能是变量被赋予新的指针，也有可能是指针不变，而它指向的数据发生变化。

变量采取的模型对其被赋值时的行为有很大影响。一个变量的值被赋予另一个变量，采取值类型时，值会被复制，副本保存在被赋值的变量中，两者彻底无关，不会相互影响；采用引用类型时，只是指针被复制，赋予第二个名称，数据仍只有一份，若是一方修改了指针指向的数据，另一方也能看到同样的变化。前者更安全，后者对于体量巨大的数据则节省了复制的时间和空间。

有些编程语言（如 Java、C#）针对不同的数据类型采取不同的模型：布尔值、数字等简单类型，占用的空间很小，采用值模型；动态数组和映射等复合类型，占用的空间可能很大，采用引用模型。在这些语言中，又可以把采用值模型的数据类型称为值类型（Value type），把采用引用模型的数据类型称为引用类型（Reference type）。有些编程语言则采取统一的变量模型，C 语言中所有的变量都是值模型的，不过可以通过指针来实现引用类型的行为。而动态类型的语言因为变量可以被赋予任何类型的值，大多采用单一的引用模型，如 Lisp、Smalltalk、JavaScript。

注意数据的值类型、引用类型和传递参数时的按值和按引用方式是不相干的概念，将在 3.3.3 节中阐释。

『 1.2　作用域 』

一个程序，可以从静态和动态两个角度来观察。前者是用空间的[①]维度，分析程序的代码；后者是以时间的维度，研究程序的运行。上一节提到名称的生存期，就是采用时间的维度考察名称有效的问题。程序运行的每一时刻都对应着代码中的某一语句，因而名称在

---

① 英文中常用 Lexical 一词，在编程语言的语境中通常译为"词法的"，指的是从字符、单词的角度来考察代码的文本，用在中文中仍显生硬。本书中采用"文本的"或"空间的"说法，与"时间的"一词分别对应"静态的"和"动态的"。

时间上的生存，也就对应着它在代码中空间上的有效。我们把名称在代码中有效的区域称为其作用域（Scope，该词在日常英语中的含义为范围，在这里也可用作动词，表示确定作用域的行为）。

一个自然的疑问就是，名称为什么会有有效性的问题？名称一旦声明，为什么不是在整个代码中都有效？这确实是一个选项，有些编程语言（如早期的 BASIC）中的名称就是如此。但是可以想象，这种方案很快会给名称的创建和使用带来很大困扰。在整个程序中，任何名称的含义都是唯一的，在某处使用了 num、i，在另一处就要使用 number、j，在下一处就要使用 number2、k。短小的名称很快就会用尽，代码里充斥的名称就会变得冗长难记。这不仅带来体力上的输入麻烦，更严重的是它要求程序员在脑力上维持对整个程序用到的所有名称的关注，从而大大限制了一个程序所能达到的规模。此外，在代码的不同区域重新使用名称又是完全可行的。不同函数中绑定的变量，即使名称相同，含义也是不同的。所以对以上方案初步的改进是，将名称分为全局的（Global）和函数局部的两类。前者在整个程序中都有效，后者仅仅在声明它们的函数内有效。这就是 ECMAScript 2015 标准之前，JavaScript 中名称面临的状况：在某个函数内用 var 和 function 关键字声明的变量和函数的作用域是包围它们的函数，不在任何函数内声明的变量和函数的作用域是全局。

JavaScript 在语法的外观上沿袭了很多 C 语言家族的惯例，最明显的就是用大括号包围的代码包块（Block）。if、while、for 等控制流的结构，在形式上都与函数声明一样，有自己的包块。按照 C 语言家族的惯例，包块也是作用域的级别。也就是说，在包块中创建的名称只在该包块中有效，不同包块中可以使用相互独立的同样的名称，例如先后有两个 for 语句都声明 i 作循环变量而不会彼此干扰。ECMAScript 2015 引入的分别用于声明变量、常量和类的 let、const 和 class 关键字，使得 JavaScript 也拥有了包块作用域。包块作用域背后的理念是将名称的有效范围局限在比函数更小的区域内，使得程序员在思考任何一段代码时，当前需要关注的名称所组成的集合尽可能的小。为了不影响历史代码，用 var 声明的变量作用域保持不变，而用 function 关键字声明的函数，作用域则发生变化。在 ECMAScript 2015 之前，在严格模式下，不允许在包块内声明函数；在非严格模式下，标准未规定包括内声明函数的意义，实际行为取决于具体的 JavaScript 引擎。在 ECMAScript 2015 之后，在严格模式下，包块内声明的函数的作用域是该包块；在非严格模式下，包块内声明的函数的作用域仍然是该包块所在的函数。ECMAScript 2015 还为 JavaScript 增加了模块的语法，一个模块中声明的实体只在该模块中可见，需要通过导出导入语句才能为其他模块使用，因此在函数与全局之间有了模块层级的作用域。

1.2.1　包块作用域与就近声明

有些编程风格提倡将一个函数内所有的变量声明都集中于函数顶部，显然这种做法享受不到包块作用域的好处。即使在没有包块作用域的语言中，就近声明变量也是更好的习惯，它使得变量的使用更靠近声明，从而令代码更易于理解。而且在顶部集中声明变量，要求程序员在编写函数的一开始就在脑海中列出所有用到的变量的清单，实行起来的难度也更高。

采用就近声明的风格时，用 let 取代 var 来定义变量，有可能会遇到一些小问题，见如下代码。

```
var condition = true;
if (condition) {
    var foo = 1;
    // ...
} else {
    // ...
}
foo = 2;
```

进入 if 语句后，发觉要声明一个变量 foo，在 if 语句之后还会用到这个变量。这一段代码在语法上没有错误，现在改用 let 来声明变量。

```
if (condition) {
    let bar = 1;
    // ...
} else {
    // ...
}
bar = 2;
```

if 语句之后使用的 bar 是未声明的变量，因为它已经超出了 if 语句中所声明 bar 的包块作用域，要令它可以使用，须将 bar 的声明上移到 if 语句之前。

```
let bar;
if (condition) {
    bar = 1;
    // ...
} else {
    // ...
```

```
        }
        bar = 2;
```

　　对于只有一个层次的 if 语句，预想到其中可能用到的变量提前声明，或许不是什么难事。但当编写嵌套的多个层次的 if 语句时，就近声明似乎显得更方便。比较下面两段代码。

```
var condition1, condition2, condition3;
if (condition1) {
    var foo1 = 1;
    // ...
    if (condition2) {
        var foo2 = 2;
        // ...
        if (condition3) {
            var foo3 = 3;
            // ...
        }
    } else {
        // ...
    }
} else {
    // ...
}
foo1 = 2, foo2 = 3, foo3 = 4;



let bar1, bar2, bar3;
if (condition1) {
    bar1 = 1;
    // ...
    if (condition2) {
        bar2 = 2;
        // ...
        if (condition3) {
            bar3 = 3;
            // ...
        }
    } else {
        // ...
```

```
        }
    } else {
        // ...
    }
    bar1 = 2, bar2 = 3, bar3 = 4;
```

第二段代码的变量声明集中于最外层的 `if` 语句之前，看上去与在函数顶部声明变量的风格接近。如此比较，在有些场合，似乎沿用没有包块作用域的 `var` 变量声明更方便。细究其实不然。在第二段代码中，因为变量的有效范围限定在声明它的包块内，理解其中的任何一部分时，需要关心的变量要么声明在当前包块内，要么在包围它的上一级包块内，依次类推，不在这个上溯链条中的其他包块就可以被快速忽略。而第一段代码，在任何地方声明的变量都在整个函数内有效，要查找某个变量的声明和经历的变化，就要遍历所有的角落。习惯运用包块作用域，对于编写和理解代码都有益处。

1.2.2　静态作用域和动态作用域

前面讨论的确定作用域的方式称为静态作用域（Static scoping），静态指的是在程序运行前通过分析名称在代码中的相对位置，就能确定它的作用域。一般应用的规则为，名称在代码中有效的区域，就是它在其中被声明的包块。这个包块内可能有内嵌的包块，它们也都属于该名称的作用域。包块是一种通用的代码层次，模块、类型、对象、函数、控制结构等都能使用，甚至还可以创建不依附于这些实体的、仅仅用于分隔代码或获得独立作用域的包块。内嵌包块中如果声明了一个在外套包块中已声明的名称，则在该内嵌包块以及它可能包围的更深层次的包块中，该名称使用的是内嵌包块中的声明。这种现象称为隐藏（Hide）或遮盖（Shadow，内嵌包块中的声明遮盖了外套包块中的声明）。

从静态作用域简明的规则，可以反向推导出对于代码中任何地方出现的某个名称，如何确定其含义（即它在何处被声明）的规则：首先在该名称所处的包块内查找其声明，若未找到，则在上一级外套包块中继续，直到最外层包块之外的全局代码区域；假如还未找到，就发生了引用未声明名称的错误。简而言之，名称使用的是最靠近它的包块中的声明。几乎所有编程语言都有一些内置的（Built-in）实体，例如用于输入输出的例程、数学计算的函数以及基本的数据类型。这些实体同样被绑定到对应的名称上，只不过给它们命名的不是使用这些语言的程序员，而是发明这些语言的程序员。我们可以想象全局代码区域和其中内嵌的包块一样，外面还套有一个虚拟的包块，在这个包块中声明了编程语言内置的实体。这样静态作用域的规则就不仅适用于代码中自定义的名称，还扩展到能覆盖编程语言内置的名称。并且在有些语言中，程序员还能重新声明这些内置的名称，将它们在虚拟包块中的声明覆盖。

与静态作用域相对的是动态作用域（Dynamic scoping）。采用这种方式时，名称的作用域取决于程序的控制流。原则上来说，某个名称的作用域依然是它在其中被声明的区域，如包块、函数，不过当这个区域中有函数调用时，作用域将扩展到该函数的代码，对任何进一步的函数调用也是如此。假如被调用的函数中声明了同一个名称，在该声明的区域以及其中进一步调用的函数内，将使用这一较新的声明。对照静态作用域的规则，动态作用域将包块嵌套换成了函数调用，视角从空间的代码结构变成了时间的程序运行。

同样，从动态作用域的定义，可以反向推导出在代码中任何地方出现的某个名称，如何确定其含义（即它在何处被声明）的规则。名称的含义就是程序运行中最近一次对它做出的并且此时尚未失效（超出包块范围或从函数返回）的声明。由于在阅读代码时无法预知函数的调用顺序，所以对于那些不在当前函数内声明的名称，不能确定其含义。这不仅给理解代码带来困难，而且容易产生错误——非局部声明的名称在程序运行时读取或写入的值出乎程序员的预料，而这类错误是很难纠正的。正因为如此，很少有编程语言会采用动态作用域。

JavaScript 使用的是静态作用域，下面的代码既可以验证这一点，也可以展现两种作用域方式的区别。

```
let x = 1;

function f() {
    let x = 3;
    g();
}

function g() {
    //读取变量x。
    console.log(x);
    //写入变量x。
    x = 2;
}

f();
//=> 1
console.log(x);
//=> 2
```

变量 x 分别在全局和函数 f 内声明，f 调用函数 g，其中分别读取和写入 x。编写这段逻辑的语言若是采用静态作用域，则函数 g 内读写的 x 指向的都是最靠近它的包块（此处为全局）中的声明，输出如代码所示。假如语言用的是动态作用域，函数 g 内读写的 x 指向的就是最近调用它的函数 f 中的声明，最后的输出将分别是 3 和 1。

值得一提的是，传统 JavaScript 编程中常用的 this 关键字的含义取决于代码被调用的方式，在不同的情况下可能指全局对象、新创建的对象、当前对象和事件的发布对象。假如以作用域的理论来解释它，显然这个名称的作用域不是静态的，因为通过分析代码无法确定某处 this 的含义。它和一般的遵循动态作用域的名称也不完全相同，因为根据动态作用域的规则，一个名称假如在某个函数中被声明，它的含义就由该声明决定，否则它的含义继承自该函数的调用者。而 this 绑定的含义由其所在代码的调用方式决定，但又与调用者中它的含义无关，对函数而言，相当于在每次调用时在函数顶部隐式地声明该名称。也就是说，动态作用域的名称毕竟可以找到人为的声明，这是它含义的源头，this 的含义则不只是动态的，还是由语言指定的，在 JavaScript 中类似的关键字还有对应于函数接收到参数的 arguments。

1.2.3 前向引用和提升

在介绍静态作用域时，我们把包块当成一个整体，似乎在其中声明的名称自动就在整个包块内有效。而实际上包块内的语句出现是有先后顺序的，出现在某个名称的声明之后的语句自然可以引用该名称，可出现在它之前的会如何呢？不同的编程语言有不同的做法，而且对变量和函数声明的做法还可能不一样。例如 C 语言要求变量和函数的定义都在使用之前，Java 语言在声明类的字段时和对方法内的局部变量要求在使用前声明，对使用对象的成员（字段和方法）则不要求声明在前。声明在前看上去是一个自然的要求，但有些场合也会有在一个名称声明前就使用它的需要，这种现象称为前向引用（Forward reference）。例如两个名称相互引用，最典型的就是两个函数相互递归调用；又或者按照抽象层次从高到低的顺序排列函数，函数的声明就总是出现在调用它之后。为了解决这些需求，不同的语言有不同的做法。我们此前一直用的声明（Declaration）一词是可以和定义（Definition）互换的，C 语言对两者做出了区分，定义给出实体（如函数、结构体）的细节，声明确定名称的作用域，这样就可以将某个实体的声明置于使用它的代码之前。Module-3 采用的就是本节开头所述的理念，在一个包块中声明的名称在整个包块内有效。Python 干脆省略了变量声明，可以直接使用。

总的看来，在还需要声明的前提下，变量先声明后使用更易于理解，函数和类型则是前向引用更方便。因为变量属于代码的细节，对它们的使用往往是集中的，跟随代码是有先后顺序的；而函数是独立抽象的实体，它们被声明的顺序和实际被调用的先后没有关系。

JavaScript 中的各种实体在能否前向引用方面的情况各异。ECMAScript 2015 之前，用

var 声明和 function 语句声明的变量和函数都能被前向引用，在 JavaScript 中有一个专门术语——提升（Hoist），即对变量和函数的声明就像分别被提升到所在作用域的顶部。ECMAScript 2015 之后，var 语句仍然能提升变量，用 function 语句声明的函数提升情况比较复杂：在严格模式下，函数的作用域是包块，在作用域内会被提升；在非严格模式下，内嵌函数的作用域仍然是包围它的函数，但是它只会被提升到最靠近它的包块顶部。

```
//非严格模式下 foo 没有被提升到它所在的函数顶部。
foo();
//=> ReferenceError: foo is not defined
{
    //foo 被提升到包围它的包块顶部。
    foo();
    //=> foo
    //在内嵌包块中声明的函数。
    function foo() {
        console.log('foo');
    }
}
//foo 的作用域仍然是包围它的函数。
foo();
//=> foo
```

其他分别用新增的 let、const 和 class 语句声明的变量、常量和类不会被提升，必须先声明再使用。

『 1.3　闭包 』

名称绑定和作用域这两个概念看上去有些普通，远没有闭包（Closure）引起的兴趣和疑问多。没有函数式编程经验的人，在初次接触到 JavaScript 的闭包概念时，大多会觉得这是一个很新奇的东西，一时无法理解它的效果，也体会不了有经验的程序员所说的它带来的好处。而实际上如果掌握了名称绑定和作用域，就会发现闭包的出现是水到渠成的。

在程序运行中的某一刻或代码中的某一处，所有当前有效的名称组成的集合被称为此刻或此处的引用环境（Referencing environment）。当不针对某个名称时，我们把代码中引用环境保持不变的区域也称为作用域。这个意义上的作用域与前面讨论的名称的作用域是息息相关的，假如用前者来解释后者，它就是代码中所有作用域相同的名称所在的区域。根据名称作用域的规则，在全局代码中的某一处，引用环境就是全部全局名称组成的集合。

在一个全局函数内，引用环境包括所有的局部名称、参数和全局名称。

JavaScript 的函数与 C 语言的一个巨大区别就是前者可以嵌套，也就是说一个函数可以声明在另一个函数内。一个内嵌函数的引用环境包括它自身所有的局部名称和参数、外套函数的局部名称和参数，以及所有的全局名称。我们在本书后面会看到，嵌套函数是 JavaScript 编程中必不可少的写法，许多模式和技巧都是依赖它才得以成立的。

内嵌函数需要能访问外套函数的引用环境，当内嵌函数在它的作用域内被直接调用时，满足这个要求是很平常的。但是 JavaScript 中的函数还可以作为参数和返回值，这时从内嵌函数的声明到调用它的代码，引用环境发生了改变。若还要访问原来的引用环境，就必须以某种方式将内嵌函数的引用环境和它捆绑在一起，这个整体就称为函数的闭包。很多有关 JavaScript 的文章在介绍闭包时，都把它定义为从某个函数返回的函数所记住的上下文信息。一个函数可能成为返回值，确实是建立闭包的有力理由。因为函数的局部名称都存在于调用堆栈中，若没有闭包，外套函数返回内嵌函数后，外套函数的堆栈帧被删除，返回的内嵌函数所能引用的外套函数中的局部名称也将消失。

```
function createClosure() {
    let i = 1;
    return function () {
        console.log(i);
    }
}


const fn = createClosure();
//若没有闭包，fn 将无法引用 createClosure 的局部变量 i。
fn();
//=> 1
```

但实际上闭包并不是只在函数被返回时才创建的，任何 JavaScript 的函数都是同它的闭包一同创建的。下面的代码不涉及返回函数，却显示了闭包的效果。

```
function f(fn, x) {
    if (x < 1) {
        f(g, 1);
    } else {
        fn();
    }

    function g() {
        console.log(x);
```

```
        }
    }

    function h() {
    }

    //假如没有闭包，此处的结果将会是 1。
    f(h, 0);
    //=> 0
```

当函数 g 最终被调用时，参数 x 的值为 1，但是 g 输出的 x 值为 0。这是因为函数 g 使用的是它闭包中的 x，而它的闭包是在声明函数时创建的，在第一次调用函数 f 时获得值 0。等到 f 调用自身后再次进入其代码时，g 的引用环境已经与声明它时的不同，参数 x 虽然名称相同，但与 g 闭包中的 x 是身份不同的值。

以上行为也可以用另一对概念来解释。上一节指出，在代码中遇到某个名称时，静态作用域使用的是空间上最近的声明，动态作用域使用的是时间上最近的声明。略加推敲会发现，在没有调用函数的情况下，代码的文本顺序和程序的执行顺序是一致的，空间上最近的声明就是时间上最近的声明，两种作用域方式的效果是相同的。假如所有的函数都在调用处声明，或者说在调用前内联化（Inline），也会导致同样的结果。两种作用域差别的关键就在于，函数的引用环境建立的时间，静态作用域是在函数声明时建立的，称为深绑定（Deep binding）[①]；动态作用域是在函数执行时建立的，称为浅绑定（Shallow binding）。回看上面的代码，假如 JavaScript 采用的是浅绑定，函数 g 使用的就将是它执行时包围它的函数 f 的参数 x，输出的结果将会是 1。

在一个函数中，引用环境包括它的局部名称、参数和外套作用域中的名称（可能存在的外套函数的局部名称和参数，以及所有的全局名称）。容易看出，闭包只需记住外套作用域的部分，因为函数自身的局部名称在每次运行时都会重新创建。

总而言之，闭包对于静态作用域来说并不是什么新的概念，而是以函数为中心的视角来看待静态作用域，或者说是在函数可以被传递、返回的语言中为了贯彻静态作用域的理念而采取的一种实现层面的技术。如果不关心关于静态作用域如何实现的细节，完全可以忽略闭包的概念。因为仅仅就理念上理解和分析代码中名称的含义而言，掌握静态作用域的理论就足够了。本书后面有用到闭包术语的地方，也只是为了强调它反映出

---

① 有些文献中将"深绑定"定义为在函数被作为参数传递时绑定引用环境，JavaScript 中的函数可以作为返回值被赋值给变量，也可以作为对象的方法被动态调用，所以函数被作为参数传递时才绑定引用环境是不能满足所有情况的需求的。

的视角和语境。

包块作用域与闭包

闭包虽然是在函数定义时就创建了，但并不意味着其中变量的值会停留在那一刻。只要闭包中的函数不是马上执行，程序的控制仍然保持在创建闭包的代码一方，闭包中的变量值就可能正常地改变，等到闭包中的函数执行时，它的引用环境中的变量值可能就不是最初设想的那样。下面这段为 HTML 元件批量添加事件处理程序的代码，就常被用来示范一种容易犯的错误。

```
var list = document.createElement('ul');
for (var i = 1; i <= 5; i++) {
    var item = document.createElement('li');
    item.appendChild(document.createTextNode('Item ' + i));

    item.onclick = function (e) {
        console.log('Item ' + i + ' is clicked.');
    };
    list.appendChild(item);
}

document.body.appendChild(list);
```

编写者的原意是创建 5 个 li 元件，在每个元件上单击时，分别从控制台输出的语句包含元件的编号。然而实际效果是，所有元件的输出都是"Item 6 is clicked."。原因是，单击事件处理函数的闭包记住了变量 i，但并不会记住 i 在闭包创建时的值，随着 for 循环执行完毕，i 的值变为 6，而这就是元件被单击时事件处理函数读取到的值。要解决这个闭包的效果导致的问题，可以再创建一个闭包。

```
var list = document.createElement('ul');
for (var i = 1; i <= 5; i++) {
    var item = document.createElement('li');
    item.appendChild(document.createTextNode('Item ' + i));

    item.onclick = function (j) {
        return function (e) {
            console.log('Item ' + j + ' is clicked.');
        };
    }(i);
```

```
        list.appendChild(item);
    }

document.body.appendChild(list);
```

这个版本的事件处理函数是外套函数的返回值，它的闭包记住的是传递给外套函数的参数 `j`，而这个参数值为 `for` 循环中变量 `i` 的当前值，不会再改变。上一节介绍了 ECMAScript 2015 引入的 `let` 语句和包块作用域，利用它们可以使上述代码更简洁。

```
let list = document.createElement('ul');
for (let i = 1; i <= 5; i++) {
    let item = document.createElement('li');
    item.appendChild(document.createTextNode('Item ' + i));

    item.onclick = function (e) {
        console.log('Item ' + i + ' is clicked.');
    };
    list.appendChild(item);
}

document.body.appendChild(list);
```

这段代码中的变量 `i` 在 `for` 语句中用 `let` 声明，作用域限于 `for` 语句的包块。初看上去似乎结果和第一个版本应该一样，`i` 的值也发生了变化。实际得到的效果却是正确的，关键就在于这里的 `i` 和包块中声明的变量 `item` 在作用域和生存期上是一样的。在包块的顶部它们被创建，到包块的尾部失效，等到控制跳转回包块顶部进入下一次迭代时，`i` 和 `item` 都重新被创建，只不过新的 `i` 自动继承了旧的 `i` 的值。也就是说在这个循环中，同名的变量 `i` 被创建了 5 次，它们分别被单击事件处理函数的闭包记住了。这个实例再次展现了包块作用域的用处。

『 1.4　小结 』

本章的内容围绕编程语言中的名称，从名称的绑定开始，详细介绍了名称的作用域，包括决定作用域的两种方式、作用域的级别以及与之有关的变量的就近声明和前向引用问题，最后在静态作用域的基础上给出了对闭包的简明解释。下一章将介绍与 JavaScript 的函数式编程密切相关的另一个主题——类型系统。

第 2 章

类型系统

为什么在许多编程语言中整数和浮点数是两种类型？结构体、数组、列表、映射……这些类型有什么关系？用户自定义的各种类型与它们又有什么关系？函数也是类型吗？强类型和弱类型意味着什么？它们的区别和类型转换有关吗？静态类型语言中的变量为什么有固定类型，而动态类型则没有？多态性就是后期绑定吗？鸭子类型是怎么回事？为什么要采用它？

假如你对以上问题感兴趣，阅读完本章后就会有肯定的答案。有了这些理论基础，理解 JavaScript 的类型系统就变得很轻松，并且能更清晰地掌握其特点。

2.1 类型是什么

类型的概念对于编程语言来说是至关重要的，因为理论上所有的计算（操作符、函数、方法）都是针对某一类或几类实体进行的。加法运算可以在两个数字间进行，但两个布尔值相加是没有意义的。与（and）运算可以在两个布尔值之间进行，但不能施加于两个字符串。数组可以根据一个数字索引读取元素，集合却不行。一个学生对象可以在选课方法中接收一个课程对象的参数，但不能接受一个账户对象。

从感性上很容易对编程语言中的类型有一个大致的认识，而要更精确地分析类型，就必须先对这个概念加以界定，对此有 3 种不同的途径：指称的（Denotational）、结构的（Structural）和基于抽象的（Abstraction-based）。根据指称的观点，所谓一个类型就是一个集合。一个实体具有某个类型，就等于说这个实体属于该集合。一个整数类型的值属于整数集合，一个实数类型的值属于实数集合，一个字符串类型的值属于字符串集合。指称的概念基于数学的集合理论，与函数式编程的理论基础特别契合。根据结构的视角，一个类型或者是不可分的简单（Simple）类型，如数字、布尔值、字符等，或者是用简单类型构建的复合（Composite）类型，如结构体、数组、列表和集合等。在许多语言中，复合类型都是允许递归构建的，也就是说构成复合类型的成员本身可以是复合类型。根据基于抽象的视角，一个类型就是一个接口（Interface），它包含一系列定义清晰的、含义明确的操作。

顾名思义，结构的视角有利于理解类型的内在结构。基于抽象的视角从一个类型的含义或用途来把握它，在实现和使用某个类型时十分有用。

根据指称的观点，一种运算是定义于一个或几个集合的元素之间的。基于抽象的视角，一种运算就是一个接口上定义的一种操作。这些都为参与某种运算的实体设定了明确的类型范围，在此范围之外的类型值参加该运算会导致无意义的结果或错误。为此，当一个值的类型与它要参与的运算所规定的类型不一致时，必须对该值进行显式类型转换（Explicit type conversion、Cast 或 Coercion），比如将字符串"10"转换成数字再参与加法运算，当然前提是这种类型转换是有意义的，一个学生类型的对象就无法转换成汽车类型的对象。很多编程语言中的运算对参与者的类型要求比较宽松，除了原本规定的类型，还能接受一系列与之兼容（Compatible）的类型。所谓兼容，有很多种情况，既有可能是名称不同但定义相同的类型，也有可能是子类型之于父类型，还可能是性质类似但表示的范围和精度不同（如实数之于整数）等。当一个值的类型与它要参与的运算所规定的类型不一致，但是兼容时，编程语言就会对该值进行自动的、隐式的类型转换（Automatic 或 implicit type conversion）。所以兼容也可以反过来定义为可以自动进行类型转换。C 语言就是这方面的典型，它虽然对数字类型划分得很细致，但可以在各种范围和精度的、有无符号的数字和字符之间进行自动类型转换。

2.2 常用的数据类型

各种编程语言支持的数据类型不尽相同，不过有一些类型十分普遍，在大部分语言中都可以使用（至少是它们的某种变体）。本节就结合数据类型的 3 种观点，对它们做简略的介绍。

2.2.1 整数

编程语言中的整数类型相当于数学中的整数集合，或者在大多数语言中更精确地说是整数集合的子集。用于存储整数的字节数，决定了它能表示的范围。有些编程语言（如 C 家族和 Fortran）区分几种范围的整数类型。

2.2.2 浮点数

浮点数类型对应于数学中的小数集合（或者说子集）。用于存储一个浮点数的字节数，决定了它能表示的范围和精度（最常使用的是单精度和双精度两种子类型），有些编程语言

（如 C 家族和 Fortran）对此加以区分。数学上整数和小数都属于实数，在实数集合上定义了加、减、乘、除、乘方、开方等算术运算。整数和浮点数类型也支持这些运算。计算机中之所以要区分整数和浮点数，是因为两者在内存中的表示机制不一样，由此决定的算数运算的算法也不一样。

2.2.3 布尔值

布尔值类型对应的集合只有两个元素：真和假。在这个集合上定义的运算是逻辑运算，包括与、或、非、异或等。只需要一个二进制位就能表示所有布尔值（1 代表真，0 代表假），不过计算机通常使用一个便于操作的最小内存单位——字节，来存储一个布尔值。

2.2.4 字符

因为使用 ASCII 编码，历史上字符长期用 1 字节宽度的整数来代表。在 C 语言中，它也可以和其他数字类型一样参与算术运算。随着越来越多人类语言和领域的字符被计算机接纳，1 字节不足以容纳单个字符的编码，统一的 Unicode 编码就最多要占用 4 字节来表示 1 字符。

2.2.5 元组、结构体、类

以上几种数据类型属于简单的，也就是不可分的基本类型。下面介绍的是以它们为原料构建的复合类型。每个简单类型的数据都是一个单独的值，基于它们最简单的复合方法就是将多个值组成一个整体，这些值可以属于同一个类型，也可以来自不同的类型，可以彼此相同，但作为整体的成员是有序的，即 (a, b, a) 与 (b, a, a) 是不同的[1]。这就是元组（Tuple）——有限个元素组成的有序列表。n 个元素组成的元组又被记为 n 元组（n-Tuple）。从指称的视角来看，元组类型对应的是它的成员所属集合的笛卡尔积（Cartesian product）。例如由两个布尔值组成的元组对应的集合是 {(true, true), (true, false), (false, true), (false, false)}，就是两个布尔值集合的积 {true, false} × {true, false}。

对元组最常用的操作就是存取它的某个成员，此时可以很方便地利用成员的序号做索引，如读取元组的第一个元素 (a, b, a)[0]、写入其第二个元素 (a, b, a)[1] = c。与编程语言的名称绑定道理类似，给元组的成员加上有意义的名称是个好主意，比如

---

[1] 创建和使用复合类型数据的语法在不同语言中各异，抽象地表示它们的记法也不统一，此处和下文采用的是其中一种较常用和直观的记法。

(name="Tom", height=180, weight=70).height 在含义和使用上都比("Tom", 180, 70)[1]清晰和方便。这种给成员加上标签的元组称为结构体（Struct）或记录（Record），其中的成员又称为字段（Field）。

在面向对象的编程语言中，类（Class）有时被用作通用的类型（如 Java），庞大的类库让人感觉有数不清种类的对象，其实就数据类型而言，所有的类都属于结构体——一个类就是将若干不限数据类型的成员聚合在一起，这些成员也有名称，也称为字段。试比较下面两段代码，分别用 C 定义的结构体和 Java 定义的类。

```c
//C
struct Size{
    int length;
    int width;
};

struct Size s1 = {100, 60};
struct Size s2 = s1;
s2.length = 105;
printf("%i",s1.length);
//=> 100
```

```java
//Java
public class Size {
    public int length = 100;
    public int width = 60;
}

        Size s1 = new Size();
        Size s2 = s1;
        s2.length = 105;
        System.out.println(s1.length);
        //=> 105
```

上述代码中的同名结构体和类所要表示的是同样的数据，除了语法上的差异，两者最大的区别从程序的运行结果上体现出来：结构体是值类型，将一个结构体赋予变量时，结构体的值（所有的字段）都会被复制一份，变量中容纳的是原有结构体的副本，此后对两者的改动互不影响。类是引用类型，将一个类的实例赋予变量时，变量中容纳的仅是实例的引用（Reference），对该实例的修改会体现在它的所有引用上。在 C 语言中可以用指针来模拟 Java 的效果，C#则同时支持结构体和类。

可能有读者会争辩说，类和结构体还有一个重大的差别：类的成员除了字段还有方法。这就要提到下一种数据类型——函数。

2.2.6 函数

在命令式编程中，函数作为算法的载体，与数据是截然不同的实体。但是在函数式编程中，函数作为一等实体，能够和其他类型的数据一样被使用。函数可以被视为一种特殊的复合类型，这与数学集合论中的函数定义息息相关：两个集合 A 和 B 之间的二元关系（Binary relation）R 是 A 和 B 笛卡尔积的子集，即 $R \subseteq A \times B$。也就是说，对于 A 中的元素 x 和 B 中的元素 y，R 是由元组(x, y)组成的集合，记为 xRy。

对于 A 中的任何元素 x，在 B 中都存在元素 y，使得 xRy，这个属性称为左满射（Left-total，对应的还有右满射）。例如，对于两个实数集合，关系 $y = x / 2$ 是左满射的，因为对每一个实数 x，都存在一个实数 $y = x / 2$；关系 $y = \text{sqrt}(x)$就不是左满射的，因为当 x 为负数时，不存在一个实数 $y = \text{sqrt}(x)$。

对于 A 中的任何元素 x 和 B 中的元素 y、z，假如有 xRy 并且 xRz，那么 y 等于 z，这个属性称为单价的（Univalent）或者右唯一的（Right-unique，对应的还有左唯一的，同时满足左唯一和右唯一的就是映射）。例如，对于两个实数集合，关系 $y = x / 2$ 是右唯一的，因为对任何实数 x，都只有一个实数 $y = x / 2$；关系 $y^2 = x$ 就不是右唯一的，因为对任何正数 x，都有符号相反的两个实数满足 $y^2 = x$。

函数是一类特殊的二元关系——左满射的右唯一的二元关系。在函数关系中 x 称为自变量，所有 x 组成的集合称为定义域；y 称为因变量或函数值，所有 y 组成的集合称为值域。用整数的加法来做例子，自变量是两个整数组成的元组，函数值是一个整数，如 `add(1, 2) = 3`。根据函数的定义，这实际上反映的是定义域和值域两个集合上的一种关系，定义域是两个整数集合的笛卡尔积，值域是整数集合，加法关系就是两者笛卡尔积的一个子集。比如说元组$((1, 2), 3)$、$((2, 3), 5)$都属于加法关系，$((1, 2), 2)$、$((2, 3), 6)$就不属于加法关系，但是属于乘法关系。普通编程语言中的函数并不严格对应数学上的函数，因为即使两次调用时传递的参数相同，返回值也可能不同，这样就不满足单价的条件。函数式编程则要求函数满足此条件，在第 6 章中将详细讨论。

有了上述基础概念，我们就可以根据函数的参数和返回值的数据类型定义函数的数据类型，比如整数的加法函数的两个参数和返回值的类型都是整数 Integer，函数的类型就被记成`(Integer, Integer) -> Integer`，整数间的乘法函数的类型也是如此。浮点数 Float 间的加法函数的数据类型是`(Float, Float) -> Float`，字符串 String 间的连接函数的数据类型是`(String, String) -> String`。

面向对象编程的一个基本特色就是将数据类型和与之相关的函数封装在一起，成为对象，其中的数据成员称为字段，函数成员称为方法。当函数成为一种数据类型后，字段和方法之间的鸿沟就被抹平了，两者的差别只不过是数据类型不同。

2.2.7 数组、字符串、队列、堆栈、列表

简单类型对应数字、布尔值和字符等集合，复合类型以元组的形式将简单类型和自身的元素组合在一起，对应于这些元素所属集合的笛卡尔积。为了满足特定的需求和做具体的分析，又往往根据元组元素的类型和以元组为参数定义的函数两项标准，将复合类型区分为各种我们熟悉的具体类型。这种区分方法实际上也适用于简单类型。也就是说，一种数据类型由它从中取值的集合和在这个集合上定义的函数共同界定。整数类型不光包含 1、2、3 这些数，还包括定义于其上的加减乘除等运算。布尔值类型不仅包括真假值，还有定义于其上的逻辑运算。这样数据类型的 3 种观点就有机统一起来了。

为了此处和以后表示方便，我们先约定一套类型的记法。类型以首字母大写的单词表示，用::符号表示值的类型，用参数和返回值的类型及->符号表示函数的类型。

```
3 :: Integer
'a' :: Char
//求两个整数之和的函数。
add :: (Integer, Integer) -> Integer
```

假如参数或返回值的类型不确定，就用小写字母形式的类型变量表示。

```
//将任何类型的参数转换为字符串的函数。
cstr :: a -> String
```

用<>符号表示参数化的类型，即用<>符号内的类型参数对之前的类型加以限定。

```
//元素全为字符串的元组。
("abc", "def", "gh") :: Tuple<String>
//元素分别为整数和字符类型的二元组，又称为双对（Pair）。
(0, 'a') :: Pair<Integer, Char>
//由字符串和整数双对组成的元组。
(("width", 30), ("length", 40), ("height", 50)) :: Tuple<Pair<String,
Integer>>
```

在接下来的体现类型的 3 种观点统一的记法中，用:=符号表示定义，{}括号中的第一项为代表类型指称观点的集合，其后诸项为代表抽象观点的定义于该集合上的函数，复合类型都是以元组为基础定义的，体现类型的结构观点。

```
Integer type:= {int,
                add :: (int, int) -> int,
                multiply :: (int, int) -> int...}
Boolean type:= {bool,
                and :: (bool, bool) -> bool,
                or :: (bool, bool) -> bool...}
```

其中 int 为整数集合，bool 为布尔值集合。

在介绍元组时，提到可以利用数字索引来读写它的成员，如$(a, b, a)[0]$、$(a, b, a)[1] = c$。假如将这种方式的读写运算作为某种基于元组的类型的界定函数，我们就有了熟悉的数组类型。

```
Array type:= {Tuple,
              get :: (Tuple, Integer) -> a,
              set :: (Tuple, Integer, a) -> Tuple}
```

在不同的编程语言中，对上述定义中的各部分可能有不同的限制。比如大部分语言中数组的索引从零开始为非负整数，有些要求最大索引，或者说数组的边界或长度是固定的（静态数组，如 C 语言），有些限制数组的元素为同一数据类型。在基本的按单个索引读写之外，还可以在数组类型上增加新的函数，例如根据给出的起点和长度截取数组中的一段：

```
slice :: (Tuple, Integer, Integer) -> Tuple
```

字符串类型是元素限定为字符类型的元组，在其上可以定义连接等操作。

```
String type:= {Tuple<Char>,
               concat :: (Tuple<Char>, Tuple<Char>) -> Tuple<Char>,
               get :: (Tuple<Char>, Integer) -> Char,
               slice :: (Tuple<Char>, Integer, Integer) -> Tuple<Char>...}
```

队列（Queue）是定义了先进先出（FIFO, First in first out）操作的元组。

```
Queue type:= {Tuple,
              enqueue :: (Tuple, a) -> Tuple,
              dequeue :: (Tuple) -> (Tuple, a)}
```

堆栈（Stack）是定义了后进先出（LIFO, Last in first out）操作的元组。

```
Stack type:= {Tuple,
              push :: (Tuple, a) -> Tuple,
              pop :: (Tuple) -> (Tuple, a)}
```

在队列和堆栈可变的语言中，dequeue 函数仅仅将参数元组的最后一个元素删除，不返回任何值；pop 函数返回被弹出的元素，参数元组也被修改。这里的定义遵循函数式编程的惯例，使用不可变的数据类型，参数元组都不会被修改，因而 dequeue 和 pop 函数的返回类型同时包括从元组中剔除的元素和一个包含剩下元素的新元组。

列表（List）是一个使用很宽泛的词。狭义的列表指的是一种用双对递归构建的数据类型（在 7.2 节中将更详细地讨论）。广义的列表可以用作元组的代名词，在两者同时使用的环境下，元组常常是不可变的，而列表则指可以动态改变（增加、修改和删除元素）的数据类型。假如我们将各种操作都赋予列表：

```
List type:= {Tuple,
             get :: (Tuple, Integer) -> a,
             set :: (Tuple, Integer, a) -> Tuple,
             first :: (Tuple) -> a,
             rest :: (Tuple) -> Tuple,
             last :: (Tuple) -> a,
             initial :: (Tuple) -> Tuple,
             append :: (Tuple, a) -> Tuple,
             prepend :: (Tuple, a) -> Tuple,
             drop :: (Tuple, Integer) -> Tuple,
             take :: (Tuple, Integer) -> Tuple...}
```

first 函数返回列表的第一个元素，rest 返回列表中除第一个元素之外的元素组成的新列表，last 返回列表的最后一个元素，initial 返回列表中除最后一个之外的元素组成的新列表，append 返回一个尾部附加了一个元素的新列表，prepend 返回一个头部添加了一个元素的新列表。drop 抛弃列表开头指定数目的元素，返回一个包含剩余元素的新列表。take 提取列表开头指定数目的元素，返回一个包含这些元素的新列表，那么这个列表在功能上就可以同时充当数组、队列和堆栈等数据结构。例如堆栈的 push 函数可以由列表任意一头的 append 或 prepend 实现，pop 函数则由同一头的 last、initial 或 first、rest 函数组合完成。函数式编程习惯使用这些列表的这些函数，本书后续的代码示例中也经常会用到它们，第 8 章将系统地介绍和定义这些函数。

2.2.8 结构体、映射

我们再回头来看结构体。结构体给元组的每个成员加上了一个字符串标签，为此最简单的建模方法就是将元组的成员扩展成二元组，其成员分别是标签和原元组成员。元组可以通过数字索引来存取其成员，结构体要通过标签来存取，就必须对标签编制索引，也就是将字符串的标签转换为成员的定位信息。例如 C 语言中结构体各成员在内存中根据一定的顺序排列，通过标签访问某成员时，标签被转换成该成员在结构体内的位置。在许多语言中被用来访问结构体成员的点号（.）操作符，与被用来访问数组元素的方括号操作符（[]）一样，都代表着分别用于读写的一对函数。

```
Struct type:= {Tuple<Pair<String, a>>,
               get :: (Tuple<Pair<String, a>>, String) -> a,
               set :: (Tuple<Pair<String, a>>, String, a) -> Tuple<Pair<
String, a>>}
```

结构体中的成员是在声明时就确定的，在使用时不能新增或删除，就像长度固定的数组一样。假如需要在程序运行时增删成员，再将标签扩展成可使用任意类型，结构体演变成一种新的类型，它有几个名称——映射（Map）、字典（Dictionary）和关联数组（Associative array）。

```
Map type:= {Tuple<Pair<a, b>>,
            get :: (Tuple<Pair<a, b>>, a) -> b,
            set :: (Tuple<Pair<a, b>>, a, b) -> Tuple<Pair<a, b>>}
```

2.2.9 深入复合类型

至此我们讨论的复合类型皆和元组有关。结构体、数组、队列、堆栈、列表和函数都可以看作元组的不同接口。在各种编程语言和实现中，复合类型包含的函数成员不尽相同，但它们的本质是将简单类型的值复合在一起，每种类型最基本、重要和赖以区分的是两类函数：一类是建构函数，以简单类型的值为参数，返回复合类型的值。一类是读写函数，以复合类型的值为参数，读取或写入其成员值。这两类函数合称为所属复合类型的界定函数，复合类型接口中的其他函数都需要利用界定函数才能完成计算，去掉这些接口函数不会影响复合类型的身份，它们既可以看作类型方便使用的成员，也可以看作以该类型值为参数的独立的函数。

以数组和堆栈为例，它们的建构函数都是接收若干参数，并返回由它们组成的元组的函数，`get`、`set` 和 `pop`、`push` 分别是数组和堆栈的读写函数。在此界定函数之外，数组和堆栈接口可以添加适当的帮助函数，例如将其成员以字符串形式连接在一起的 `join` 函数和倒转其成员次序的 `reverse` 函数，两者都需利用所属类型的界定函数来完成读、写或构建操作。与其说它们属于数组和堆栈类型，不如说它们和其他没有归属的函数一样，仅仅是用到这两个类型的参数而已。

基于元组的复合类型，在成员是否可变（指成员的增加或删除，而不是成员值的改变）上，有巨大的差别。有些类型的成员是在声明时就确定的，在使用时不能新增或删除；另外一些则可以在程序运行时增删成员。我们不妨把它们分别称为静态复合类型和动态复合类型。前者更安全高效；后者则更灵活。两者的差别不仅体现在使用上，还影响到所能使用的存储空间。静态复合类型的值因为大小确定，可以在函数的调用堆栈内分配内存。动态复合类型的值随时可能调整大小，必须在堆（Heap）内分配空间。结构体、类、静态数组和字符串[①]为静态复合类型。动态数组、队列、堆栈、列表和映射是动态复合类型。

结构体和映射是两种基础而重要的复合类型。它们的成员值的类型是混杂的，映射连成员名称值的类型都不受限制。而数组的成员名称（索引）限定为整数，成员值的类型通常也是单一的，因此数组可以看作结构体和映射的特殊形式。结构体和映射相互对应，分别是静态和动态复合类型。结构体因为有固定的成员，所以根据成员可以区分出具体的类型，往往每一个类型都有独立的定义[②]，编译器可以借此进行静态类型检查。映射因为成员不定，不会据此派生出具体的类型，没有独立的声明成员的代码，所有成员都由初始化或动态修改而来，也因此无法进行静态类型检查。每一个映射值都像是属于一个特定的匿名类型，只能根据包含的成员来判断所属的类型是否一致。顺理成章地，结构体和映射分别成为两种面向对象体系的基础。结构体演变成了类，用于定义基于类（Class-based）的面向对象体系中对象的类型。而省去了类，基于原型（Prototype-based）的面向对象体系中的对象实际上都是映射。

2.3　强类型与弱类型

编程语言检查运算参与者的类型与运算所规定的类型是否兼容，称为类型检查（Type checking）。如果一门语言能确保这种兼容性，就称为强类型（Strong typing 或 Strongly typed）的语言；反之，不能确保兼容性的语言称为弱类型（Weak typing 或 Weakly typed 或 Loosely typed）的语言。

强弱类型的划分，或者说一门语言能否确保兼容性，值得深入讨论。当一个值的类型与它要参与的运算所规定的类型不兼容时，会导致无意义或错误的结果。这里所说的无意义或错误，具体指的是什么呢？我们知道，无论哪种数据类型，在计算机中都是用二进制位表示的。在程序运行过程中，一段内存中的二进制位可以被当作布尔值、字符串、整数、浮点数、地址或者代码等，具体怎样对待它们取决于读写它们的代码。高级语言中的低级

[①] 字符串的值在运行时看上去可以修改，但在许多语言中都是不可变的，修改时实际上是创建了一个新的字符串。

[②] 这也不是必然的，比如 C#中的匿名类型（Anonymous types）就没有显式的定义，而是编译器根据对象初始化器（Object initializers）推断而成。

语言、能够直接和内存打交道的 C 语言，充分地体现了这一点。C 语言对类型的检查是在
编译时进行的，但是为了满足底层功能和灵活性，这种检查被有意留下一些空隙。指针、
联合（Union）、可变数目和类型的参数等特性都可以使用 C 语言编写的程序出现这种情况：
本来被写入某种数据类型的内存单元，被当作另一种数据类型的值读取。因为基本没有运
行时检查，接下来程序一般都能正常执行直到结束，只是语义上的错误导致结果不正确。
例如下面的一段 C 语言代码：变量 obj 的类型是一个联合，其成员分别是一个整数、字符
指针和函数指针。字符指针成员被正确赋值后，可以用作 printf 函数的格式参数（此处
的格式类型和对应的输出值类型不一致，也会使输出结果不符合预期）。函数指针成员被正
确赋值后，可以被调用。但假如两者没有被赋值，obj 的整数成员就会分别被当作字符指
针和函数指针来使用，编译时不会被检查，运行时也不会报错，只是没有任何输出。

```
#include <stdio.h>

void foo(int n){
    printf("%d\n",n);
}

int main(void) {
    union {int num;char *str;void (*fn)(int n);} obj={1};
    obj.str="%f\n";
    printf(obj.str, 1);
    //=> 0.000000
    obj.fn=foo;
    obj.fn(2);
    //=> 2
    return 0;
}
```

学生考试时一道题目被扣分，有两种可能。第一种是他答不出来，第二种是他答错了。
同理，一段代码被称为有错误，也有两种可能的含义。第一种是程序编译时或运行时出现
错误，无法正常执行。第二种是程序正常运行，但结果不正确。后者比前者更难发现和排
查。所谓强类型，就是将类型不兼容的问题表现为第一种错误；而弱类型，则至少是部分
地放过不兼容的问题，导致程序语义上的错误。既然强类型有这样的优点，为什么还会有
语言被设计成弱类型的？这就是因为类型检查是一把双刃剑，它使程序更安全，但也限制
了程序的表现力和灵活性。C 语言因为上述类型检查的空白，被认为是弱类型的。设计者
和支持者的理由是，这些空白使 C 语言获得了独特的优势。利用指针可以写出灵活高效的
代码，联合类型使一个变量能具备多种身份而且节约空间，可变数量的参数能满足一些特

殊场合下函数（如 `printf`）的需要。并且，作为一种被用来编写操作系统和驱动程序的语言，在诸如手工管理内存的场合是以二进制位为操作对象，遵守抽象的类型要求是不可能的。

以上对强弱类型的分析是遵循一种严格的理论。现实中对类型的讨论还存在另一种观点，其划分强弱的凭据是语言是否会进行自动类型转换。当一个值的类型与它要参与的运算所规定的类型不一致时，假如语言会试图将值的类型转换成规定的类型，就被归类为弱类型的；假如必须依靠程序员手工进行转换类型，就被归类为强类型的。这种观点的思路是，一个值的类型对它所能参与的运算的限制是强制的，语言不应该为了满足它所实际参与的运算而尝试转换类型，那样一个值的类型就不是它固有的，而是随机应变的。按照这种观点，C 语言仍然是弱类型的，因为它可以在各种数字和字符类型间进行自动转换。Python 虽然自动类型转换不那么普遍，但还是会在算术运算中将布尔值自动转换为整数，在逻辑运算中将整数、浮点数和字符串自动转换为布尔值。Python 仍然被视为强类型的语言，可见以是否进行自动类型转换作为划分标准在实践中执行得不那么严格。

实际上，很少有语言能严格确保类型安全，相反也几乎没有语言完全不会检测和报告类型错误。所以我们一般称某种语言是强类型或弱类型的都是相对而言，就像我们说天气冷热一样。

2.4　名义类型与结构类型

类型检查是要确保值的类型与它们参与的运算所规定的类型匹配，以函数来表示运算，就是传递给函数的实际参数值（Actual parameters 或 Arguments）的类型与函数声明中形式参数（Formal parameters）的类型等价或兼容。而如何判断两个类型等价或兼容，有不同的标准。最简单和严格的是名义类型（Nominal typing），根据这种标准，两个类型等价当两者指的是同一个类型，兼容当其中之一是另一个的子类型。较宽松从而判断起来也更复杂的是结构类型（Structural typing），两个类型等价当两者的实际结构（如定义）相同，兼容当其中之一的结构包含另一个的结构。以 C 语言的结构体为例，两个结构体可以拥有完全相同的成员而不同名，以名义类型的标准，这两个结构体属于不同的类型，而以结构类型的标准，两者是等价的。

采用名义标准的每个类型，语义上都有唯一的身份，形式上都是一个独立的命名空间，不同类型中的同名成员意义是不同的。采用结构标准时，从语义上说，类型的名称并不具备区分彼此的功能；从形式上说，所有类型共用一个命名空间，不同类型中的同名成员在类型检查时被视为是等价的。例如，两个分别代表飞机和鸭子的类型，都包含 height（高度）、weight（重量）和 age（年龄）3 个数字类型的成员。以名义类型的标准，飞机的高度和鸭子的高度指的是不同的事物；而以结构类型的标准，飞机的年龄和鸭子的年龄没什么区别。结构类型的这种理念在之后介绍的多态性中将发挥重要的作用。

不难理解，匿名数据类型只能采用结构类型的标准，而简单数据类型不适用结构类型的标准。

2.5 静态类型与动态类型

类型检查如果是在编译时进行，就称为静态类型（Static typing 或 Staticly typed）的；如果是在运行时进行，就称为动态类型（Dynamic typing 或 Dynamically typed）的。前者可以更早地发现类型错误，并且省去了运行时的检查开销。对这两者一种常见的描述，或者说另一种界定方式是：在静态类型的语言中，每个变量都有固定的类型，只能被赋予该类型的值；在动态类型的语言中，变量没有固定的类型，同一变量可以被赋予任何类型的值。这两种定义方式是等价的吗？或者这样问，编译时进行类型检查，就要求变量有固定的类型吗？运行时进行类型检查，变量就不能有固定的类型吗？解答这些问题能让我们更深刻地理解静态和动态类型。

2.5.1 静态类型

我们先假定一门语言采用的是静态类型，并且每个变量都有固定的类型，语言将其和变量所参与的运算规定的类型进行比较，假如不一致就会报告类型错误。例如下面的 Java 代码在编译时就会报出类似 bad operand types for binary operator '*': java.lang.String, int 的错误。

```
String s="abc";
s = s * 3;
```

体现变量绑定类型的是下面的语句会报出类似 incompatible types: int cannot be converted to java.lang.String 的错误。

```
s = 2;
```

这看上去是容易理解的，因为在之前的声明语句中已经指定了变量 s 的类型是 String。那假如声明变量时没有标注类型呢？C# 3 和 Java 10 都允许局部变量以 var 语句声明，这些变量形式上没有关联类型，但实际上仍是和特定类型绑定的，编译时对它们进行的类型检查与前面例子中的 s 无异。原因就在于所有的变量都必须先初始化再使用，在初始化即初次赋值时，编程语言根据所赋值的类型确定变量的类型，这称为类型推断（Type inference）。

```
//"abc"是字符串值，所以认定变量 s 是字符串类型。
var s = "abc";
//所赋表达式求值所得是整数，所以认定变量 i 是整数类型。
var i = (2 + 1) * 3;
//所赋值是一个新创建的对象，根据它使用的类型确定变量的类型。
var h= new Hashtable<String, Size>();
//所赋值是一个对象方法的返回值，根据方法返回值的类型（布尔值）确定变量的类型。
var b = s.endsWith("c");
```

普遍而言，变量初始化时所赋值的是一个表达式，这个表达式又由较简单表达式的计算组成，这些表达式组件也是如此，直到分解成原子的数字、字符串和布尔值等。换言之，表达式是由简单数据类型的字面值（Literal）递归构建而成，构建所用的计算可以采取操作符的形式，也可以用函数和方法。每一步计算皆能根据操作数的类型确定结果的类型，这样不管表达式如何复杂，都能由最初的简单类型值推导出表达式值的类型。一旦根据初始化时所赋表达式决定了变量的类型，这个变量以后的表现就和显式地标注了该类型的无异。

一个可能产生的疑问是，既然能根据初始化时所赋值推断出变量的类型，为什么不能在以后每次赋值时再推断一次？如此变量就不必和类型绑定，而是在两次赋值之间具有特定的类型，语言依此类型进行检查。

```
//确定此时变量 s 包含的值的类型为字符串。
var s = "abc";
//检查出字符串不符合乘法运算的类型要求。
s = s * 3;
//确定此后变量 s 包含的值的类型为整数。
s = 2;
//类型检查没有错误
s = s * 3;
//检查出整数不符合 endsWith 方法的类型要求。
var b = s.endsWith("c");
```

原因是程序中的变量赋值可能取决于运行时的数据，此时无法进行类型推断。

```
void foo(int num){
    var s = "abc";
    if (num > 0){
        //变量 s 是否被赋予值 2，取决于运行时才知道的数据 num。
```

```
            s = 2;
        }
        //此时变量 s 的类型是什么?
    }
```

相比之下，变量的初始化只有一次，是和它的声明紧密联系的，在编译时就能完全确定，因而可作为类型推断的根据。从另一个角度来看，赋值本身就是一种需要进行类型检查的运算。变量在声明和初始化之后才可用，初始化作为变量的第一次赋值区别于以后的赋值，语言在根据它确定了变量的类型后，对每一次赋值都像其他运算一样进行类型检查，也就是说，对变量的所有读写都不会改变它的类型。正因如此，编译时进行类型检查的语言要求变量有固定的类型。

值得注意的是，上面的类型推断中声明变量时没有标注类型，但所有函数的类型（体现为参数和返回值的类型）依然是显式规定的。也就是说，声明函数时不能省略形式参数和返回值的类型标注。这一点发挥着两方面的关键作用：其一，只有知道返回值的类型，才能推导出包括变量值在内的各种表达式的值的类型；其二，只有明确形式参数的类型，才能在运算时检查传递给函数的实际参数的类型是否符合要求。

有趣的是，类型推断可以发展得比确定变量初始值的类型更加强大——省略函数的参数和返回值的类型标注仍然可以推断出值和函数的类型，从而进行类型检查。Haskell 语言就是采用这种机制的代表。如前所述，没有了函数的类型，计算表达式值的类型和校验参数类型似乎都失去了基础，如何还能进行？奥秘就是，作为一类特殊的函数，简单类型值之间的运算的操作数和返回值的类型依然是确定的。例如看到 a + b，就能判断变量 a 和 b 都是数字类型；看到 a && b 就能判断它们是布尔值类型。对这些运算之外的计算，依据以下若干原则，还能进一步扩大推断的成果。

- 每个变量都有固定的类型。

- 每个函数的参数和返回值都有固定的类型。

- 一些语句对其中的表达是有固定的类型要求的，如 if 语句中的条件表达式类型为布尔值，then 和 else 从句中返回的类型要一致。

我们来看下面这段想象中的采用了 JavaScript 的语法，但具备类型推断功能的语言的代码样例。

```
function foo(x){
    if (x.enabled){
        return x.value + 1;
    }
```

```
}
var o = {enabled: false, value: "bar"};
foo(o);
```

变量声明、函数的参数和返回值都没有标注类型，但类型推断能依据 if 语句判断变量 x 的类型包含布尔值的 enabled 属性，依据 return 语句判断该类型包含数字值的 value 属性。在接下来的函数调用中，参数 o 包含布尔值的 enabled 属性，但是其 value 属性的类型为字符串。按照结构类型的原则，这门语言在编译时将报出传递给函数 foo 的参数 o 类型不匹配的错误。本节此前的代码采用的都是名义类型的标准，加上这一处代码，显示了名义类型和结构类型两种标准皆可以被用于静态类型检查。

2.5.2 动态类型

关于静态类型和动态类型的两个问题：编译时进行类型检查，就要求变量有固定的类型吗？运行时进行类型检查，变量就不能有固定的类型吗？上一节已经回答了第一个问题，现在来看看第二个。简单而言，运行时进行类型检查，与变量有固定的类型并不冲突。因为我们很容易将那些需要编译运行的语言改造成解释运行，这样变量仍然有固定的类型，而类型检查自然发生在运行时。在动态类型的语言中，变量之所以没有固定的类型，是为了追求编程时更高的效率和灵活性，为此理念服务的多种选择最终在逻辑上导致了一种与名义和结构都不同的类型检查标准。下面我们就分别来讨论这些选择和它们带来的连锁结果。

省去变量声明时的类型标注能够减少程序员的工作量，尤其是对面向对象编程中那些日渐繁复的类型体系，同时让代码更简洁；省去函数声明时的参数和返回值类型标注，除了上述益处外，还能使函数具备多态性。要获得这些好处，又不失去类型检查的保障，语言就必须具备 2.5.1 节中介绍的强大的类型推断功能，而大部分语言是不具备的，它们选择的是一条相较容易的路径——在运行时进行类型检查。

既没有类型推断，又没有变量和函数的类型标注，变量值的类型是什么，或者具有怎样的结构，都无法确定，变量自然不可能有固定的类型。此外，静态类型的变量之所以不能在每次赋值时重新确定类型，是因为赋值语句是否执行有可能取决于程序运行时才知道的数据。那么既然选择在运行时进行类型检查，就掌握比编译时更多的变量值的信息。在这正反两方面因素的作用下，动态类型引入了与名义和结构类型都不同的第三种类型检查的标准——鸭子类型（Duck typing）。这个古怪的名称来自一句俗语"假如它走起来像鸭子，叫起来像鸭子，就一定是鸭子"(If it walks like a duck and quacks like a duck, then it must be a duck)。将这句话的精神用计算机类型理论的语言表达出来就是：类型检查是否通过的标准，不是待检查的值的类型是否具有特定的名称，也不是它是否具有目标类型所有的结构，而是它是否展示出当前所需类型的特征。具体而言，就是对任何复合类型的值，直到需要使用它的某个属性时，才检查它是否具有该属性。对于读取到的属性值，假如是复合类型的，则沿用以上逻辑；假如是简单或函数类型的，则在施加相应的运算时检查该属性值是否为期望的类型，如数字运算时检查该属性值是否为数字、调用函数时检查该属性值是否为函数。

再来看 2.5.1 节用过的代码样例，这一次假定语言采用的是鸭子类型。

```
function foo(x){
    if (x.enabled){
        return x.value + 1;
    }
}
var o = {enabled: false, value: "bar"};
foo(o);
```

代码运行不会出现静态类型时的错误。对象 o 作为参数传递给函数 foo 时，未做任何检查。直到 if 语句第一次检查该对象的 enabled 属性值，o 拥有该属性，并且属性值也是布尔类型，所以通过了此处的类型检查。又因为 enabled 值为 false，未满足 if 语句的条件，没有进入 then 从句，也就没有检查该对象的 value 属性。结论就是，对象 o 在调用函数 foo 的过程中展示出所需类型的特征，因而符合该函数的类型要求。相反，假如 o 没有 enabled 属性或其值为 true，程序就会分别在 if 语句和 return 语句处报出类型错误。

结构类型的标准比名义类型宽松，它只关心类型的实质结构而不在乎名称；鸭子类型的标准比结构类型更宽松，它只关心类型当前的行为，即类型的局部结构，而不在乎整体结构。当然，鸭子类型和结构类型一样，都只适用于复合数据类型。简单数据类型没有可分析的结构，始终只能采用名义类型的标准。

动态类型的语言取消变量的类型绑定的另一个原因来自动态复合类型。回忆在 2.2.9 节中引入的一对概念：静态复合类型的成员是在声明时确定的，程序运行时不能增删；与之相对的动态复合类型的成员可以在使用时增加或删除。有些动态类型的语言（如 JavaScript）采用动态复合类型来表示不同实体[1]。因为成员不固定，代表不同实体的动态复合类型没有独立的定义，都属于匿名的类型。在程序运行时，某种动态复合类型的实例

---

[1] 虽然都冠以动态一词，但在动态类型（Dynamic typing）和动态复合类型（Dynamic composite types）两个术语中的含义是不一样的。前者中的类型在英文中是动词，动态指的是在运行时进行类型检查；后者中的类型在英文中是名词，动态指的是其成员在运行时可增删。所以这句话并不如表面上看上去的那样是同义反复的。

增加了若干成员，既可以看作变成了一种新的类型，也可以视为只是原来的类型发生了调整。不同类型之间的界限变得模糊了。极端而言，所有特定的动态复合类型都只是存储了不同键值的映射，指向这种类型值的变量与特定类型绑定自然就没有意义。

匿名数据类型不能进行名义类型检查，没有固定成员又不能采用结构类型的标准，要对兼具这两个特点的动态复合类型的值进行检查，办法还是采用鸭子类型。

动态类型的语言在声明变量时无须写上其类型，一般只要使用通用的声明语句（如 let、var、val），甚至可以省去声明，在第一次被赋值时自动创建[①]。

最后值得说明的是，一般都是以同一变量能被赋予任何类型的值，来展示变量没有固定的类型，如：

```
var s = "abc";
s = 2;
```

但实际上这并不是解除变量的类型绑定的目的所在，而是它的结果。每个变量都是一个具有特定用途的容器，变量的名称就描述着它在代码中的意义。因此，变量的值虽然会变化，但通常属于同一类型。在现实编程中，在语义上需要赋予一个变量多种类型的值的情况是很少见的。

『 2.6　多态性 』

我们将对若干变量的一系列运算抽象成一个函数，这些变量就成为函数的参数。函数对参数有类型要求，只有符合此要求的值才能被传递给该函数。然而，一个函数名所代表的抽象运算未必是特定于该函数参数的类型的。换言之，有可能对不同类型的值有共同的抽象需求。例如，加法运算对整数和浮点数类型都适用，还可以扩展到字符串、集合等类型。对这些概念上相同的运算，在代码中用同一个名称来代表是可欲的。要实现这一点，有 3 种不同的做法。

第 1 种是 1.1 节中介绍的重载，也就是一个名称同时绑定多个参数类型或数目不同的函数。调用函数时，语言要在同名的多个函数中，根据实际参数的类型和数目找出形式参数与之匹配的那一个。这种做法要求函数的参数有类型标注，适用于静态类型的语言。

第 2 种是进行自动类型转换。具有某个名称的函数只有一个，调用函数时对于与其形式参数的类型要求不一致的实际参数，只要两者的类型是兼容的，就将实际参数转化成形

[①] Python 即是采用这种方式的典型，语言就没有提供声明变量的语句。

式参数的类型。这种做法也要求函数的参数有类型标注，适用于静态类型的语言。

第 3 种就是本章中有几处提到的多态性（Polymorphism）。它指的是一个函数能够接受不同类型的参数，前提是这些类型有某种共性，而函数对参数的使用就囿于这种共性。

以加法运算为例。假如为整数和浮点数的加法各定义一个函数，但都使用+符号作名称，就是重载的做法。调用加法函数时，如果两个参数的类型都是整数，语言就选用整数加法的函数；如果两个参数的类型都是浮点数，则选用浮点数加法的函数。

假如只定义了一个参数为浮点类型的加法函数，就是采用类型转换的做法。无论两个参数的类型是整数还是浮点数，调用的都是同一个函数，只不过整数类型的参数会被先转换成浮点数。重载和类型转换可以结合使用。在重载方案中，如果两个参数一个是整数一个是浮点数，语言就找不到与之匹配的加法函数，但仍可以选择浮点数的版本，只需将整数类型的参数转换成浮点数。

假如定义了一个加法函数，两个参数既能接受整数，也能接受浮点数，我们就说这个函数具有多态性。此处参数类型的共性是在其上都可以定义数学上的加法运算，该加法函数的实现就是以此数学运算为基础。

多态性是一个表象的概念，只要一个函数能处理不同类型的参数，就符合其标准。至于该函数是如何做到这一点的，有若干种方法，多态性本身并无规定。函数可以通过某种机制自身实现多态性，也可以使用条件语句，根据参数的类型执行不同的路径，相当于将若干个重载函数的定义、选择和调用置于一个函数内；还可以依靠其他函数来实现多态性，比如调用重载的、进行类型转换的或具有多态性的函数，后者之多态性，又递归地可以有以上几种原因。

举例而言，我们有一个用于输出的 print 函数，能够接受各种类型的参数。print 函数可以通过条件语句，针对不同类型的参数，执行各异的算法。或者 print 可以将多态性委托给一个 str 函数，它能将各种类型的参数转化成字符串的表现形式。这个 str 函数可以自身实现多态性，可以是重载的，也可以通过另一个函数来具备多态性。

2.6.1 子类型多态性

对于以同样的名称命名不同类型的参数参与运算的 3 种方法，重载和自动类型转换适用于静态类型的语言，多态性则是静态和动态类型的语言都能够采用。下面我们就通过一个例子，来认识静态类型语言普遍采用的子类型多态性和它与重载之间的区别。

假设在一门面向对象的静态类型的语言中，有两个类型 Work 和 Number 分别代表艺术作品和数字。艺术作品之间要比较哪一部更伟大，数字要比较哪一个更大，于是两个类型都有一个名为 isGreaterThan 的方法，分别是：

```
Work.isGreaterThan(Work another)
Number.isGreaterThan(Number another)
```

当对两种类型的实例调用这个方法时，实际上语言是在两个重载的函数间进行自动选择（方法和函数名称上的细微差别只是为了符合两者的命名习惯）：

```
greaterThan(Work one, Work another)
greaterThan(Number one, Number another)
```

设想每部艺术作品有一个唯一的编号，Work 的 isGreaterThan 方法就可以有一个重载的版本：

```
Work.isGreaterThan(Number another)
```

为了方便以后比较，也把它写成函数的形式：

```
greaterThan(Work one, Number another)
```

由此可见，无论是不同类型的同名方法，还是某个类型的重载方法，实质都是参数类型不同的重载函数。在代码中调用对象的某个方法时，语言根据对象和方法的参数类型确定执行的是重载函数中的哪一个。因为这个动作发生在编译时，所以被称为静态绑定或早期绑定（Early binding）。接下来，我们从艺术作品衍生出书 Book 和电影 Movie 两个子类型。无需任何代码，它们都可以调用父类的方法。

```
Book one = Library.getBookByNumber(3571);
Book another = Library.getBookByNumber(3572);
greaterThan(one, another);

Movie one = Library.getMovieByNumber(8263);
Movie another = Library.getMovieByNumber(8264);
greaterThan(one, another);
```

根据定义，greaterThan(Work one, Work another)函数已经具备了多态性。以父类型作形式参数的函数能够接受父类型及其子类型的实际参数，这种形式的多态性称为子类型多态性（Subtype polymorphism），采用它的主要是面向对象的静态类型的语言。

回看对于 Book 或 Movie 类型的参数，greaterThan 的行为是没有差别的。不过我们可以覆写（Override）子类型继承的方法，也就是为子类型参数定义新的重载函数：

```
greaterThan(Book one, Book another)
greaterThan(Movie one, Movie another)
```

这时 greaterThan(Work one, Work another) 函数仍然可以应用到不同类型的参数上，行为却可以有所不同。这一点对于使用面向对象编程语言的读者是再熟悉不过了。实际上在面向对象编程的语境中，多态性指的就是对象的这种行为。对象的多态性又被称为其方法的后期绑定（Late binding）或动态分派（Dynamic dispatch），指的是语言根据运行时才了解的对象的具体类型选择调用方法的版本。

总而言之，在面向对象的静态类型的语言中，不同类型的同名方法、某个类型的重载方法、子类型覆写的方法，本质上都是参数类型不同的重载函数。根据对象和方法的参数类型，早期绑定是编译时语言在前两者之间自动进行的选择，后期绑定是运行时语言在后两者间自动做的选择。在子类型的对象上可以调用继承的方法，体现的则是子类型多态性。

2.6.2　参数多态性

要想让函数能接受不同类型的参数，还有一种途径，就是将它要接收的参数的类型也作为参数传递给它，函数根据这个特殊的参数来调整行为，这种形式的多态性称为参数多态性（Parametric polymorphism）[①]。为了将类型参数和普通参数区分开，下面的代码采用 Java 的语法，将类型参数置于尖括号中，写在函数名的前面。

```
<T> greaterThan(T one, T another)
```

使用时先传入某个类型作为参数，获得函数特定于该类型的版本，再应用到该类型的参数上。

```
Book one = Library.getBookByNumber(3571);
Book another = Library.getBookByNumber(3572);
<Book> greaterThan(one, another);

Movie one = Library.getMovieByNumber(8263);
Movie another = Library.getMovieByNumber(8264);
<Movie> greaterThan(one, another);
```

看上去这种形式和重载有些相似，都是根据函数接收的参数来决定要采用的版本。但是重载需要程序员编写函数对应不同参数情况的多个版本，而参数多态性中函数对应不同类型参数的多个版本是由语言自动生成的，程序员要编写的只有一个函数。这在语言有一定的类型推断的能力时尤其明显，此时语言能根据函数接收的参数自动推断出所需的类型参数，从而省去手工填写。

---

① 参数多态性在有些语言中拥有更简单的名字。在 Java 和 C#中，它叫范型（Generics）；在 C++中，它叫模板（Templates）。

```
greaterThan(one, another);
```

虽然有一个类型参数，但很明显函数 `greaterThan` 不可能应用于所有类型的参数，`T` 能采取的类型是有限制的，此处的限制就是 `T` 必须是 `Work` 及其子类型，所以它的更精确的写法是（仍然采用 Java 的语法来标注对类型参数的限制）：

```
<T extends Work> greaterThan(T one, T another)
```

如此一来，采用子类型和参数两种多态性的 `greaterThan` 函数形式上似乎差别不大：

```
//采用子类型多态性。
greaterThan(Work one, Work another)
//采用参数多态性。
<T extends Work> greaterThan(T one, T another)
```

这种相似性究其根源并不难理解，毕竟两种方式都是为了实现多态性，而多态性要求函数所接受的参数类型有某种共性，这里的共性便是继承自父类型 `Work`。子类型多态性和参数多态性用不同的形式表示了这种共性，然而两者还是有差别的。首先，在类型检查方面，采用子类型多态性的函数只要求参数继承自某个父类型，而采用参数多态性的函数则将参数的类型要求精确到某个具体的类型。这一点在单个函数上不明显，但在将多态性运用到面向对象编程中的整个类型上时，用处就很大，Java 和 C#语言引入泛型的主要目的就是为了创建容纳特定类型对象的容器。

```
ArrayList books = new ArrayList();
//ArrayList 的 add 方法的参数类型是 Object，因此通过子类型多态性能够添加任意类型的对象，
//但是无法确保容器内的对象是同一类型，也不能对这些对象进行类型检查。
books.add(one);

//利用参数多态性，能够确保容器内的对象是同一类型。
ArrayList<Book> books = new ArrayList<Book>();
//还能在调用容器的方法时，对参数进行精确的类型检查。
books.add(one);
```

其次，参数多态性具备比子类型多态性更高的灵活性。多态性所要求的参数类型的共性，最一般地说，体现为这些类型具有某一组相同的属性。子类型多态性只能表示通过继承自父类型（或实现接口）而具有的共性。由继承和接口机制形成的类型层次是先天的、固定的，并且随着类型的增多显得僵化。将一个单继承体系比作一棵树，两个枝节点或叶节点可能位于树结构的截然不同的位置，但具有某种相似性。要表示这样的共性，子类型多态性就无能为力了。相反，参数多态性在表示共性时没有任何约束。前面代码样例中范型所用的语法仅仅是实现参数多态性的一种可能，参数多态性可以直接将类型的共同属性

列出来。

　　回到艺术作品的例子，要比较两部作品孰优孰劣，当然要先有某种评判标准。用代码的语言来说就是要通过 greaterThan 函数对两个参数计算出结果，参数的类型必须有某种函数可以利用来计算的共性，比如它们都具有一个评分 rating 属性，又比如它们都可以被传递给某个评价函数 review（Java 中的范型本身不支持下列语法，延续使用是为了代码外观的一致性与区分函数的类型参数和普通参数）。

```
//one 和 another 是两个 Book 类型的实例，它们都具有 rating 属性，
//通过同名函数可以取得该属性值。
//greaterThan 通过调用该函数，计算出结果。
<Book, rating> greaterThan(one, another);

//one 和 another 是两个 Movie 类型的实例，
//它们都可以被传递给一个批评家评价的函数 reviewByCritics，
//greaterThan 通过调用该函数，计算出结果。
<Movie, reviewByCritics> greaterThan(one, another);

//one 和 another 是两个歌曲 Song 类型的实例，
//它们都可以被传递给一个听众评价的函数 reviewByAudience，
//greaterThan 通过调用该函数，计算出结果。
<Song, reviewByAudience> greaterThan(one, another);
```

　　由此可见，只要参数的类型具备函数可资计算的共性，无论是以什么形式体现的，函数都可以实现参数多态性。进一步可以理解，只要具备这样的共性，参数的类型不必是一致的。

```
//one 和 another 分别是 Book 和 Movie 类型的实例，
//它们都可以被传递给函数 reviewByAudience。
<Work, reviewByAudience> greaterThan(one, another);
```

　　上述代码中 greaterThan 的第一个类型参数的唯一作用就是提供静态检查时 one 和 another 参数的类型，在动态类型的语言中，自然可以省略。结合鸭子类型的机制，类型的共性是特定属性时，只需在函数中读取，不必作为参数；共性是传递给特定函数时，可以直接将该函数作为参数。于是，上述代码被简化为：

```
//one 和 another 是两个 Book 类型的实例，它们都具有 rating 属性，
//一个版本的 greaterThan 通过读取该属性值，计算出结果。
greaterThan(one, another);

//one 和 another 分别是 Movie 和 Book 类型的实例，
```

```
//它们都可以被传递给一个批评家评价的函数 reviewByCritics，
//另一个版本的 greaterThan 通过调用该函数，计算出结果。
greaterThan(reviewByCritics, one, another);

//one 和 another 分别是歌曲 Song 和 Movie 类型的实例，
//它们都可以被传递给一个听众评价的函数 reviewByAudience，
//同样上面版本的 greaterThan 通过调用该函数，计算出结果。
greaterThan(reviewByAudience, one, another);
```

至此，我们终于看到函数的形式参数不标注类型带来的额外好处——函数天然地具有多态性。虽然这种多态性也被归为参数多态性，但明显和需要传递类型参数的情况有很大差别，我们把它称为隐式参数多态性（Implicit parametric polymorphism），而需要传递类型参数的称为显式参数多态性（Explicit parametric polymorphism）。静态类型的语言（如 Haskell）通过类型推断实现隐式参数多态性，动态类型的语言（如 JavaScript）通过鸭子类型机制实现隐式参数多态性。

2.7　JavaScript 的类型系统

JavaScript 共有 7 种数据类型：

- Undefined
- Null
- 布尔值
- 数字
- 字符串
- 符号
- 对象

JavaScript 为了概念上的简单：只提供一种数字类型，将整数以浮点数来对待；没有提供单独的字符类型，而是将其视为长度为 1 的字符串。ECMAScript 2015 新增的符号类型，用作系统名称的特殊用途。再加上布尔值和特殊的 Undefined、Null，这 6 种类型在 JavaScript 中称为原始（Primitive）类型，其数据都是不可变的（不可变的概念将在 6.3 节中详细讨论），对象是唯一数据可变的类型。

JavaScript 中所有的自定义类型都是以对象的形式存在，对象本质是映射复合类型，既被用来表示具体的类型，也被用作数据的容器。ECMAScript 2015 新增了原生的映射（Map）对象，用作映射容器时，相比对象有若干优点：

- 从 Map 存取数据，不会被对象的原型链上的属性干扰。

- Map 中条目的键可以是任何数据类型，而对象只能是字符串。

- Map 有 size 属性，可随时确定其中条目的数量。

- 存取性能上有优势。

不过对象仍被广泛用作映射容器，除了历史代码和程序员的惯性因素外，对象在使用上更为方便，最突出的是能够编写字面值表达式和使用存取符访问属性。

JavaScript 中另一种常用和重要的复合类型——数组本质上也是以映射为基础的对象，按数字索引访问数组成员其实就是访问对象特定名称的属性。这既和 C 语言中静态分配内存的固定数组完全不一样，也不同于函数式编程语言普遍采用的列表类型，在第 8 章中我们将看到怎样用列表的接口来处理数组。

2.7.1 undefined 和 null

在 JavaScript 的数据类型中，undefined 和 null 是与众不同的两种。其他类型都有许多实例，最少的布尔值也有真假值两种可能，数字、字符串和对象更是无穷多元素的集合。undefined 和 null 却是分别为单独一个值存在的类型，前者是 undefined，后者是 null。这两个值与其他类型的值相比也很特别，它们的含义和行为既有相似之处，又有差别，在出现的场合和用法上既有不可取代的地方，也有相互混淆的情况，值得专门加以辨析。

在正常情况下，一个值总是代表某种特定的存在，是其所属类型所对应的集合中的一个元素。例如一个 longitude（经度）变量的值是 80，是数字集合中的一员；调用 getAccountByID 函数返回一个 Account 对象值，是所有 Account 对象组成的集合中的一员。但是在一些特殊的情况下，需要表示不存在的值，一种与集合中任何成员都对立的状态。例如到了南极点，经度就失去了意义；当传入的参数不正确时，getAccountByID 函数无法返回任何有效的 Account 对象。为此，许多编程语言都引入一个特殊的空值（如 null、Nil、Nothing）来应对这种状况。这个空值能被用于其他任何类型的值出现的场合，但又不属于这些类型。空值的使用在程序中已司空见惯，但若深究它的含义，却颇有趣味。

对于哲学上的概念来说，外延越大，内涵越少；外延越小，内涵越多。或者反过来说，内涵越少，外延越大；内涵越多，外延越小。用集合论的语言说就是，越是子集，成员越少，属性越多；越是父集，成员越多，属性越少。用类型的语言来表述就是，在类型继承的链条上，越向子类型的方向，其类型的对象的范围越小，属性越多；越向父类型的方向，其类型的对象范围越大，属性越少。

现在来看类型和空值的关系。返回值是任意类型的函数，都可以返回空值，代表要返回的值不存在。以类型的理论分析，返回值为某个类型的函数，返回的值必须属于该类型或其子类型。所以这个空值所属的类型是所有类型的子类型。从集合的角度看，所有集合的子集是空集，也就是说这个空值所属的类型对应的是空集。不包含任何元素的集合中的元素，空值蕴含的就是这种矛盾。一方面，对于任意类型返回值的函数，返回空值都符合类型要求；另一方面，对空值应用任何函数（在面向对象的语言中就是在空值上调用任何方法）又都会引起类型错误。

JavaScript 语言也采用了这样的空值，它就是 null。然而，许多情况下表示不存在的值的工作，却是由另一个 undefined 值来负责的。

1.　不存在的对象属性值

JavaScript 采用原型机制实现对象的继承。在访问对象的某个属性时，假如该属性不存在，JavaScript 会检查该对象的原型是否具有该属性，依次类推，直到在对象的原型链上找到该属性，返回它的值，或者直至原型链的尽头也未找到，返回 undefined。JavaScript 的对象本质上是一个映射，对象被访问的属性不存在，相当于映射被读取的键不存在，此时有两种处理方式。一是抛出异常，同样是动态类型的 Python 语言中的对象（本质也是映射）就是如此。二是返回一个表示不存在的值，Java 中的 Map 在被读取的键不存在时就返回 null。

两种方式各有优劣。抛出异常能够确保类型安全，问题在源头上暴露出来。返回空值则要等到空值参与运算时才会抛出类型错误。在编写属性不存在的处理代码方面，采用空值方案则比异常方案更简便。可以动态修改的对象被读取的属性不存在，不能被视为代码需要修正的错误，而应该针对每一次读取失败编写适当的处理代码。采用异常方案时，很难在集中捕获异常的代码块中有针对性地处理某一行代码读取对象属性导致的异常。所以只能在读取属性前，先用某个函数判断该属性是否存在。如果存在，则继续正常的逻辑；否则编写对应的处理代码。采用空值方案时，则应该检查读取到的属性值。如果不是空值，则继续正常的逻辑；否则编写对应的处理代码。两相比较，异常方案在被读取的属性存在时，需要先后两次访问该属性，第一次是检查该属性是否存在，第二次是读取该属性的值，在性能和代码上都显得比空值方案效率略差。

JavaScript 采取的是空值方案，首先是因为 JavaScript 在发明时不具备异常处理机制，其次是因为返回空值比抛出异常更宽容，而 JavaScript 一向是宽容的。该空值又能参与后续的运算得出看似正常的结果，这是 JavaScript 代码错误的本来应该和可以避免的来源，对于以下几点返回 undefined 值的场合也是如此。

2. 未传入的函数参数值

调用函数，传入的实际参数少于形式参数时，在函数内引用没有传入的参数获得的值为 undefined。最初 JavaScript 并不具备后来引入的默认参数功能，读取没有传入的参数时获得一个特殊值而不是抛出错误，是手工实现默认参数的前提。在具备内置的默认和剩余参数的情况下，实际参数过少或过多时都应该抛出错误，不过为了代码的兼容性，JavaScript 仍然允许这些行为。

3. 未初始化的变量值

声明变量后，若没有赋值，读取该变量得到的值，这种情况完全应该抛出错误。JavaScript 没有这样做，而是采用特殊值来指示。

4. 没有返回语句的函数的返回值

函数的执行路径上没有返回语句时，得到的返回值。JavaScript 不像有些语言那样区分没有返回值的例程和有返回值的函数，函数在创建时也没有类型标记，所以在函数体内，既可以有返回语句，也可以没有。而且，秉持一贯的宽松风格，在包含返回语句的情况下，JavaScript 并不要求像 Java 等语言那样在所有的执行路径上都一致。当函数在执行路径上没有返回语句，代码形式上又将其返回值赋值给某个变量时，正确的做法也应该是抛出错误，而不是让变量获得某个特殊值。

由上述讨论可见，undefined 是 JavaScript 为了处理某些特殊情况采取的值。理论上除了一种需要，null 和 undefined 完全可以合并，即只用它们中的一个，既用来表示未找到的对象属性值，又用来主动表示不存在的值。从 null 来说，虽然语义上它指的是不存在的对象，但是 JavaScript 采用的动态类型使它可以被赋予任何变量。从 undefined 来说，JavaScript 在判断一个对象或其原型不具备某个属性时，所用的机制并不是读取到该属性值为 undefined，也就是说 undefined 并没有在代表普通的不存在的值之外，在 JavaScript 的内部运作中充当某个特殊角色。能够证明这一点的是，当一个对象的某个属性值被设置为 undefined 后，读取对象的该属性值时，JavaScript 并不会在它的原型上查找，而是会直接返回 undefined，只有在用 delete 操作符从该对象删除该属性后，它的原型上被遮蔽的属性值才会暴露出来。

```
let a = {p: 1};
let b = Object.create(a);
console.log(b.p);
//=> 1

b.p = 2;
console.log(b.p);
//=> 2

b.p = undefined;
console.log(b.p);
//=> undefined

delete b.p;
console.log(b.p);
//=> 1
```

undefined 和 null 不合并的理由只有一条，那就是区分以下两种情况：一个对象没有某个属性和有该属性但属性值不存在。为了说明对这种细微的差别的需求，那我们设想一个用作缓存的对象，记录着电话号码和它对应的地址。程序每次需要某条电话号码对应的地址时，先查找该对象，如果不存在以该电话号码为键的条目，就到数据库中去搜索。假如搜索到，就将电话号码和地址添加到缓存中，即使没有搜索到，也为缓存添加一个条目，它的键是搜索的电话号码，值为不存在。这样下次需要该电话号码对应的地址时，就能通过缓存确定结果，而不需要去数据库搜索。在这种情况下，就可以用 undefined 和 null 分别表示对象被访问的属性不存在和属性存在但属性值不存在两种情况。糟糕的是像上面的代码所演示的那样，JavaScript 不仅允许对象的属性值被设置为 null，也允许被设置为 undefined。也就是说，即使读取的属性值为 undefined，也不能区分该属性是不存在还是被人工设置为 undefined，而需要借助其他手段。

JavaScript 的另一点糟糕的设计是，undefined 和 null 作为表示不存在的值，参与各种运算时本应抛出类型错误，但实际上除了从它们身上读取属性等少数操作，它们可以正常地参与大多数运算，对它们所做的类型转换见 2.7.2 节。

undefined 和 null 除了前述语义上的差异，在使用上可以分为两个方面。第一个方面是 JavaScript 确定地只返回或要求使用其中之一的情况。返回 undefined 的情况前面已经列举了，返回 null 的情况包括 Object.prototype 的原型，必须使用 null 的情况包括用 Object.create 创建没有原型的对象。第二个方面则是编程中需要表示不存在的值的情况，这时随便使用 `undefined` 和 `null` 都可以，取决于程序员的喜好，在现实的程序和脚本库中也不统一。

2.7.2　弱类型

JavaScript 通常被归类为弱类型的语言，依据是它会进行自动类型转换。

```
2 + '1'    // '21'

if ('false'){
    console.log('hi');
}
//=> hi
```

我们在 2.3 节中已经分析过，是否进行自动类型转换并不能作为判定强弱类型的严格标准。假如我们采用更为恰当的标准：编程语言若能确保运算参与者的类型与运算所规定的类型兼容，就是强类型的；反之，则是弱类型的。强类型的语言会在编译时或运行时将类型不兼容报告为错误，程序无法顺利运行。弱类型的语言则至少会部分地放过不兼容的问题，导致程序正常运行但有语义上的错误。JavaScript 在有些情况下也能报告类型错误。用 2.3 节中 C 语言代码样例做对比来说明：C 语言版本中的联合的函数指针成员没有被正确赋值，调用该成员时程序不会出错。JavaScript 语言版本中的对象的一个方法成员被错误设置为数字，调用该成员时会报出类型错误。

```
//C
#include <stdio.h>

int main(void) {
    union {int num;char *str;void (*fn)(int n);} obj={1};
    obj.fn(2);
    return 0;
}

//JavaScript
let obj = {fn: 1};
obj.fn(0);
//=> TypeError: obj.fn is not a function
```

然而 JavaScript 确实是弱类型的语言，表现在以下 4 个方面。

（1）几乎所有简单数据类型都相互兼容，自动类型转换过于普遍。对于定义于布尔值之上的逻辑运算,所有其他类型的值用作操作数时都会进行类型转换,`undefined`、`null`、`0`、`NaN` 和 `""` 是假(False)值,其余都是真值。对于算术运算,`null` 会转换为数字 0,`true` 和 `false` 分别会转换为 1 和 0,字符串也会试图转换为数字。`+`是重载操作符,同时表示数字的加法和字符串的连接运算。当两个操作数为数字、布尔值或 `null` 时,进行加法运算;否则进行字符串的连接运算,所有其他类型的值都会转换为字符串。

```
'1' * '1'          // 1
'1' / '1'          // 1
'1' - '1'          // 0
'1' + '1'          // '11'
undefined + ''     // "undefined"
1 + null           // 1
true + null        // 1
```

对于比较运算,不同类型值之间的转换令人眼花缭乱,而且没有传递性。

```
null == undefined   // true
undefined >= null   // false
undefined <= null   // false

false == undefined  // false
false == null       // false
true > undefined     // false
true > null          // true

undefined == 'undefined'    // false
undefined == ''             // false

null == 'null'   // false
null == ''       // false
null == '0'      // false
null == 0        // false
1 > null         // true

false == 'false'    // false
false == '0'        // true

'' == '0'          // false
0 == ''            // true
0 == '0'           // true
```

```
' \r\n \t' == 0        // true

'a' > '2'              // true
'2' > 1                // true
'a' > 1                // false
```

这些自动类型转换虽然有时能让代码显得更简单，但很多情况下并不是我们所希望的那样。

（2）倾向于用特殊的返回值表示类型错误，而不是用更强制地抛出异常的方式中断程序运行。2.7.1 节介绍的返回 `undefined` 值的各种情况都是例证。其他的例子还包括在算术运算中，操作数与数字不兼容时，会得出结果 NaN，只有符号类型的操作数会抛出错误。这种用法的弊端又被自动类型转换进一步放大了。

（3）大量语义上的运算错误被安静地忽略掉：修改只读的全局值，修改对象的只读属性，为不可扩展的对象添加属性，删除对象的只读属性，对原始类型值进行对象操作等。

（4）调用函数时不检查参数的数量。实际参数若多于形式参数，没有定义的那些会被忽略；实际参数若少于形式参数，访问未接收到的参数会获得 `undefined` 值；两种情况都不会抛出错误。注意这和许多语言包括 JavaScript 采取的允许传递给某个函数的参数数量不固定的若干机制不是一回事：可选参数（Optional parameters）和默认参数（Default parameters）是为了调用函数方便省略传递某些参数，哪些参数是可选或默认的，是在函数声明时确定的，其他参数不能省略，也不能传递额外的参数。可变数量的参数（Variable number of parameters）是为了适应一些特殊场合下，传递给函数的参数数量不确定的需求，通常以特殊形式的语法，如 JavaScript 的剩余参数（Rest parameters），定义于形式参数列表的末端，同样，其他参数不能省略。而 JavaScript 的函数则是对所有的参数，无论是否定义为默认参数或剩余参数，都允许不传递，也在任何情况下都允许传递多余的参数。

类型检查的定义是，检查运算参与者的类型与运算所规定的类型是否兼容。这句话中的运算可以用函数来替换，运算参与者就是传递给函数的参数，运算所规定的类型就是函数形式参数的类型。类型检查的定义就变为：检查实际参数的类型与接收它的函数的形式参数的类型是否兼容，它可以从概念上划分为对参数的数量和类型两方面的检查。默认参数和剩余参数都不妨碍类型检查，它们只是使一个函数能拥有多种形式参数，但 JavaScript 却彻底放弃了检查参数的数量。

忽略多余的实际参数看似无害，实则模糊了函数的类型要求，为函数的使用带来隐患。例如程序员有可能误以为多传给某函数的参数是有用的，以此来理解、编写和调试相关的代码，不仅浪费了时间，最终还会导致矛盾。对于实际参数少于形式参数的情况，JavaScript

如上面的第 3 点所说,返回 undefined 值隐式表达错误,而自动类型转换又使得 undefined 有可能顺利通过该参数接下来参与的运算,结果得出错误的返回值。当然,我们也可以理解为 JavaScript 的每个函数接受的都是可变数量的参数,每个函数的形式参数都是一个数组,这样传递任何数量的实际参数都是正当的。问题是,假如采用这种观点,形式参数就相当于方便访问数组对应索引处的元素的名称,若没有传递该参数而访问,就等于访问数组中不存在的索引,在强类型的语言中还是会抛出错误。

以上种种宽容合力的结果就是,程序员能够依靠 JavaScript 报告而避免的类型错误少之又少。程序员的失误和逻辑上犯的错误无法被及时发现,而是潜伏起来,或者等到出现异常时不容易定位到谬误的源头。例如下面这个比较两个数字绝对值大小的函数。

```javascript
function agt(one, another) {
    return one * one > another * another;
}


console.log(agt(-3, 2));
//=> true
//假如 undefined 被当作某个参数传递给该函数,则无论另一个参数是什么数字,
//结果都是 false。因为 undefined * undefined 得出的值是 NaN,而 NaN 与
//任何值,包括自身,比较的结果都是 false。
console.log(agt(undefined, 0.0001));
//=> false


//遗漏第二个参数时,它被当成 undefined,由于和上面同样的原因,返回 false。
console.log(agt(100));
//=> false


//错误地传递第二个参数为字符串时,因为可以被转换为数字,返回 true。
console.log(agt(100, '1'));
//=> true


//错误地传递第二个参数为字符串时,因为不能被转换为数字,大于操作符的第二个
//操作数为 NaN,返回 false。
console.log(agt(100, '1a'));
//=> false


//错误地传递第二个参数为 null 时,在算术运算中被转换为 0,所以返回 true。
console.log(agt(100, null));
//=> true
```

代码中 agt 函数除了第一次之外的调用，参数都不正确，编程语言本该抛出错误，使得代码中的问题及时被纠正，可是在 JavaScript 中却全部能正常运行，不仅导致将来错误显露时更难纠正，还会干扰和误导程序员对代码的理解。

2.7.3 变成强类型

幸好我们可以采取一些补救措施。首先，最简单的是尽量使用严格模式（Strict mode），严格模式是 ECMAScript 2015 引入的一种通过限制、弥补 JavaScript 的缺陷、优化其性能和为将来的版本做准备的模式。与这里的主题有关的是，严格模式下，上述第三点的各种错误都被显式地报告出来。因为 ECMAScript 2015 引入的模块在严格模式下运行，而 JavaScript 无疑会逐渐采用这种原生模块，所以未来严格模式弥补的缺陷将不复存在。

其次，类型之间相互兼容和安静地表示错误，都是操作符先天的行为，我们可以用函数包装相关的运算来消除这些问题，为此需要具体分析和应对。其他类型值到布尔值的自动转换，一般来说是可以接受的，这样可以方便 if 语句等情况下条件表达式的书写。算数、字符串连接和比较运算涉及的自动类型转换则往往是错误的来源，可以全部换用自定义函数，并手工检查其参数类型。其中算术和字符串连接运算的参数类型自然分别是数字和字符串，比较运算中测试等价性的函数可以接受任何类型的参数，比较大小关系的函数则只能应用于数字、字符串和布尔值。下面的代码在不同的 JavaScript 的模块中定义，导出的代码使用了 export 语句，导入的代码使用了模块对象，模块的细节和代码中采用的惯例将在 3.3.4 节中介绍。

```
/*
检查一个函数的参数类型，在待检查的函数顶部调用。假如接收的参数不符合指定的类型
要求，抛出类型错误。
参数 fname 为错误信息中用到的函数名称，args 为待检查的函数接收的参数，
types 为参数应该属于的类型。
*/
export function checkArgs(fname, args, ...types) {
    if (!Array.isArray(types[0])) {
        types = [types];
    }
    let received = Array.from(args).map(typeOf);
    if (!types.some((expected) => arrayEqual(expected, received))) {
        let msg = 'Unexpected argument type(s) for ${fname}: ${received.
join(', ')}';
        error(msg, TypeError);
    }
```

```
}

/*
JavaScript 自带的 typeof 操作符有若干缺陷。以 JavaScript 的七种数据类型为参照，
typeof null 应该取值 null 而不是 object；对函数操作数取值 function 但对其他
原生类型的对象却又全部取值 object；对各种运行环境提供的宿主对象应该统一取值
object，而不是由运行环境决定。
下面这个自定义函数根据 ECMAScript 标准中关于 Object.prototype.toString 方法的说明，
对各种值返回更一致和具体的类型信息。
对于对象以外的值，返回对应的 6 种数据类型之一。如：
typeOf(undefined)
//=> Undefined
typeOf(null)
//=> Null
typeOf(true)
//=> Boolean
typeOf(1)
//=> Number
typeOf('a')
//=> String
对于 JavaScript 原生的对象值，返回具体的类型名称。如：
typeOf([])
//=> Array
typeOf(Array)
//=> Function
typeOf(new Map())
//=> Map
typeOf({})
//=> Object
对于自定义的对象值，返回其建构函数的名称。如：
function Person(){}
typeOf(new Person())
//=> Person
 */
export function typeOf(value) {
    if (Number.isNaN(value)) {
        return 'Error';
    }
    let info = Object.prototype.toString.call(value);
```

```
    let tag = info.match(/\s(\w+)/)[1];
    return tag === 'Object' ? value.constructor.name : tag;
}


//throw 语句的包装函数。
export function error(msg, errorType = Error) {
    throw new errorType(msg);
}


//将 JavaScript 的数据类型定义为类似枚举的对象常数，用作 checkTypes 函数的参数。
export const TYPES = {
    UNDEFINED: 'Undefined',
    NULL: 'Null',
    BOOLEAN: 'Boolean',
    NUMBER: 'Number',
    STRING: 'String',
    SYMBOL: 'Symbol',
    OBJECT: 'Object',
    ARRAY: 'Array',
    FUNCTION: 'Function'
};


//利用以上代码定义代表各种算术、字符串连接和比较运算的函数。
//数字的加减乘除运算。
export function add(augend, addend) {
    checkArgs('add', arguments, TYPES.NUMBER, TYPES.NUMBER);
    return augend + addend;
}


export function div(num1, num2) {
    checkArgs('div', arguments, TYPES.NUMBER, TYPES.NUMBER);
    return num1 / num2;
}


export function mul(num1, num2) {
    checkArgs('mul', arguments, TYPES.NUMBER, TYPES.NUMBER);
    return num1 * num2;
}
```

```
export function sub(num1, num2) {
    checkArgs('sub', arguments, TYPES.NUMBER, TYPES.NUMBER);
    return num1 - num2;
}


//数字、字符串和布尔值的大小比较运算。
export function lt(value, other) {
    checkArgs('lt', arguments, [TYPES.NUMBER, TYPES.NUMBER],
        [TYPES.STRING, TYPES.STRING],
        [TYPES.BOOLEAN,TYPES.BOOLEAN]);
    return value < other;
}


export function lte(value, other) {
    checkArgs('lte', arguments, [TYPES.NUMBER, TYPES.NUMBER],
        [TYPES.STRING, TYPES.STRING],
        [TYPES.BOOLEAN,TYPES.BOOLEAN]);
    return value <= other;
}


export function gt(value, other) {
    checkArgs('gt', arguments, [TYPES.NUMBER, TYPES.NUMBER],
        [TYPES.STRING, TYPES.STRING],
        [TYPES.BOOLEAN,TYPES.BOOLEAN]);
    return value > other;
}


export function gte(value, other) {
    checkArgs('gte', arguments, [TYPES.NUMBER, TYPES.NUMBER],
        [TYPES.STRING, TYPES.STRING],
        [TYPES.BOOLEAN,TYPES.BOOLEAN]);
    return value >= other;
}


//字符串的连接运算。
export function concatenate(s1, s2) {
    checkArgs('concatenate', arguments, TYPES.STRING, TYPES.STRING);
    return s1 + s2;
}
```

此后，每种数据类型的运算都有专属的函数，当实际参数的类型不满足要求时，该函数会抛出详细的类型错误，指出第几个形式参数的类型应该是什么，而接收到的实际参数的类型是什么。

```
//用新定义的函数来替换操作符，改写 agt 函数
function agt(one, another){
    return f.gt(f.mul(one, one), f.mul(another, another));
}


f.log(agt(-3, 2));
//=> true


f.log(agt(undefined, 0.0001));
//=> TypeError: Unexpected argument type(s) for mul: Undefined, Undefined
```

用字母组成的函数名来取代长久习惯的数学符号，或许有人会觉得麻烦、小题大做。但假如把输入代码时稍稍增加的工作量和由此带来的排除错误上的时间收益相比，还是值得的，并且这项工作是一举两得的。因为对这些函数能够应用函数式编程的各种技巧，如传递给其他函数、组合成新的函数，而 JavaScript 中的操作符做不到，这也是将 typeof 等其他操作符改写成函数的目的之一。在 5.4 节中这种做法的益处会更明显。求余数（%）、指数（**）、负数（-）等算术操作符的替代函数就留给有兴趣的读者做练习了。然而不幸的是，对这些编程中频繁使用的基础运算人工进行类型检查，会严重影响它们的性能，所以一般的做法是仅仅将这些操作符用函数包装起来，仍然允许那些不安全的类型转换。

在 2.7.2 节中，分析了 JavaScript 的函数调用不检查参数数量的弊病。JavaScript 中函数调用的语法是在指向函数值的名称后附加一对括号，其中包含传递的参数。这对括号在有些编程语言中也被视为一种操作符，JavaScript 虽未如此，但理论上函数调用也能以类似前面对其他操作符的处理方式用自定义的函数包装起来。

```
//参数 fn 为被包装的函数，args 为调用该函数时传递的参数。
function call(fn, ...args) {
    //当 args 数组的长度，即传递给函数 fn 的实际参数的数量
    //和其形式参数的数量不一致时，抛出类型错误。否则，
    //调用该函数并返回其返回值。
}
```

困难在于在 JavaScript 中没有能精确获得形式参数数量的途径。function.length 属性会忽略剩余参数和第一个默认参数之后的普通参数。对于 JavaScript 内置对象的方法的可选参数，该属性有时记入，有时又不记入。

```
//该方法有一个必选参数。
Array.prototype.reduce.length
//=> 1

//该方法的参数都是可选的。
Array.prototype.slice.length
//=> 2
```

于是唯一的办法就是在每一个自定义函数内检查。因为此时已知道当前函数的形式参数的数量，只需将其与 arguments.length 值做比较。但是这样分散的工作量太大，所以对于 JavaScript 的函数调用不检查参数数量造成的类型不安全，我们无法用自定义代码弥补。

2.8　鸭子类型与多态性

JavaScript 是动态类型的语言，变量没有固定的类型，用 let 或 var 语句声明[①]。类型检查时采用鸭子类型的标准，所有的函数都天然具有参数多态性。一般情况下，在函数中通过 instanceof 操作符手工检查参数的类型是笨拙的编程风格，是名义类型语言造成的思维定势。契合鸭子类型理念的方式是忽视参数的名义类型，而看重它是否具有所需的属性。

回到 2.5 节中多次用到的代码样例，这一次它不是用一种想象中的语言编写的，而就是使用 JavaScript。

```
function foo(x){
    if (x.enabled){
        return x.value + 1;
    }
}
var o = {enabled: false, value: "bar"};
foo(o);
```

与其他采用鸭子类型的语言一样，这一段 JavaScript 代码执行时不会出错。参数多态性使得任何对象只要具备布尔值的 enabled 属性和数字值的 value 属性，foo 函数就能处理。JavaScript 的缺点在于更进一步，即使对象 o 的 enabled 属性值为 true，仍然不会出错，原因就是 2.7.2 节分析的其过于宽容的行为。采用 2.7.3 节给出的矫正方案后，

―――――――――――――

① 最初也允许变量不声明直接初始化后使用，但是一种被贬抑的风格，在严格模式下也不再允许。

JavaScript 的表现更像一门强类型的语言。

```
function foo(x){
    if (f.get('enabled', x)){
        return f.add(f.get('value', x), 1);
    }
}


var o2 = {enabled: true, value: "bar"};
f.log(foo(o2));
//=> TypeError: Unexpected argument type(s) for add: String, Number
```

　　鸭子类型带来的参数多态性只适用于复合数据类型，接收简单类型参数的函数如果也需要具有多态性，可以使用条件语句，根据参数的类型执行不同的路径，还可以针对不同的参数类型先编写独立的函数，再通过第 5 章中介绍的技术将这些函数复合成一个。

『 2.9 小结 』

　　本章介绍了对类型的 3 种看法，以此为基础讨论了编程语言常用的数据类型。然后重点分析了类型检查的各个方面：强类型与弱类型，名义类型、结构类型与鸭子类型，静态类型与动态类型。接着引入了多态性的概念，并阐述了它的两种表现形式。最后在以上理论背景下，分析了 JavaScript 的类型系统。下一章将开始进入正题，介绍函数式编程的理论基础 lambda 演算，并讨论它与 JavaScript 的函数式编程的关系。

■■ **第 3 章** ■■

──── **lambda 演算和函数** ────

编程语言像人类的语言一样形形色色，有编写网页所用的 HTML，查询关系型数据库所用的 SQL，应用程序开发所用的 C、Java、JavaScript、Python 语言等。所有这些语言在被用来编写代码时，除了少数像 HTML 的情况，都会遇上调用函数[①]而编写自定义函数（包括对象的方法）就是写程序的主要工作。那么所谓的函数式编程，又有何不同呢？

『 3.1 命令式编程中函数的作用 』

在使用 C、Java、Python 和 Ruby 等语言时，我们基本上都在进行命令式的编程。在这样的编程中，函数起到了什么作用呢？

1. 代码复用

假如要挑选世界上最不喜欢重复的人，程序员一定位列其中。80 后的集体回忆，《女神的圣斗士》（也译作《圣斗士星矢》）中的圣斗士，特别是打不死的星矢们，爱用的一句格言是：对圣斗士再次使用同一招数是没用的！对程序员来说，只要是超过一行的代码，重复都是可恶的，哪怕只重复一次。将重复运行的一段代码，写进一个函数，就实现了对这些代码的复用。从另一个角度来说，代码复用可以归因于程序员偷懒的欲望，就像人类发明和改进各种工具和流程一样。但偷懒的另一种解读就是提高效率，也可以被视为人类文明不断发展的特点之一。并且代码复用的好处不止于效率，维护一个函数比在代码里找出和修改它的多个副本，要容易得多。更重要的是，代码复用使得程序员的工作能够被后来者利用，他们不用重复发明轮子，人类各领域的文明发展都是以这种积累为前提的。

───────────────

① 即使是像 HTML 这样的声明式语言也有可能调用函数，例如服务器端 Web 开发所用的模板语言，通常有部分页面或组件复用的功能，如 JSP 的 `jsp:include`、JSF 的 `ui:insert`、`ui:define` 和 `ui:composition` 等，这些都可以看作函数调用。

2. 抽象

将程序的一段代码提取成一个函数，用对该函数的调用来取代这段代码，程序的代码就被精简了。与形式上的改变同时发生的是，程序的内容变得更抽象了。函数是对其中代码的抽象，就像函数的名称对其所做事的概括。当处理的问题越来越复杂时，人们需要在越来越抽象的层次上思考。读代码时，程序员首先会从最抽象的层次理解程序，然后从各处函数调用进入具体一级的代码，依次类推。对于不需了解其行为细节的函数，程序员只要根据文档甚至函数名明白该函数是做什么的就行。在开发程序时，在底层的功能尚未实现或不同的模块由不同的人开发的情况下，程序员也能够依赖抽象的接口编写代码。由此可见，无论是思考问题，理解代码，还是开发程序，函数的抽象功能都是必不可少的。

3. 封装

抽象是针对函数的调用者而言的，封装则是针对函数内的代码。一个函数代表对其参数的一种动作，封装使得这种动作的细节不为外界所知，不受外界干扰，可以随时调整、任意修改，只要函数的功能保持不变。这极大地提高了代码的安全性和可维护性。以模块化的角度来看程序，函数就是最小的模块。

抽象级别

在程序中发现可复用逻辑，减少重复代码，就提升了抽象级别。以下面 3 个场景的伪代码为例。

（1）Do something. Do something.

    function foo() {...}

（2）Do something to X. Do something to Y.

    function foo(x) {...}

（3）Do A to X. Do B to Y.

    function foo(a, x) {...}

场景（1）中的 Do something 代表一段代码，被封装进无参数的函数 foo 后，实现了复用。场景（2）中的两段代码 Do something to X 和 Do something to Y，区别在于对象不同，可以被抽象成带参数的函数 foo(x)。场景（3）中的两段代码 Do A to X 和 Do B to Y，不仅对象不同，动作的方式也不同，从它们抽象出的函数 foo(a, x)，参数中既包含动作的对象 x，也包括另一个函数 a 作为动作的方式。

　　让我们用具体的问题来演示这种抽象级别的提升。设想某个函数 bar 中有一个数组变量 arr，程序需要获取该数组中的最大值，存放到变量 top 中。在随后的代码里，变量指向了另一个数组，再次需要获取该数组中的最大值，同样保存到变量 top 中。

　　在最原始的代码中，获取最大值的两处是完全相同的代码。在函数 bar 内定义一个无参数的内嵌函数 max，将那段代码直接置于其中，获取最大值的两处就变成对 max 的两次调用。max 函数中直接引用变量 arr 和 top，只在特定的函数 bar 内有用。为了提高它的通用性，可以将数组 arr 作为参数传入，获取的最大值作为返回值传出。升级后的 max 函数就可以被任何需要获取数组最大值的代码调用。不过既然是取最大值，就要有对数组中元素的大小进行比较的标准。假如数组中的元素是数字或字符串，元素的大小就有天然的标准。但对于其他数据类型的元素，如代表水果、汽车的对象，就必须先给出判断大小的方法。这个方法可以是一个函数，它有两个参数，是要比较大小的同种类型的数据，当第一个参数大于第二个参数时，返回的值大于零；当第一个参数等于第二个参数时，返回值为零；当第一个参数小于第二个参数时，返回值小于零。将这个比较函数作为参数传递给 max 函数，max 函数就提取了更广泛的求数组最大值的函数中的可复用逻辑，进一步提升了抽象级别。实际上，max 函数的功能已经一般化成求数组中的极值，只要提供对应某种排序的比较函数，它就能返回对应该种排序的最大值。例如，让一个比较函数的返回值的正负号颠倒，max 函数计算出的就变为数组元素在原来排序下的最小值。下面给出了 max 函数的一种实现。

```javascript
function max(compareFn, arr) {
    let ret = arr[0];
    for (let elem of arr) {
        if (compareFn(elem, ret) > 0) {
            ret = elem;
        }
    }
    return ret;
}

//求一组数字中的最小值。
console.log(max((x, y) => y - x, [2, 4, 7, 9]));
//=> 2
//求一组数字中绝对值最大的那个。
console.log(max((x, y) => x * x - y * y, [2, -5, 7, -9]));
//=> -9
```

『 3.2　lambda 演算 』

　　从上文可以看出，在命令式编程中函数起到的作用是极其关键的。不过在这样的编程语言中，函数并不是代码的全部，它只是程序的组件，程序在细节上还运用了许多其他材料：0、1、2 这样的数字，变量声明和赋值，`if`、`while` 等控制流①的语句。而在函数式编程的理论基础 lambda 演算中，一切都是函数，整个程序就是由函数的定义和调用组成的。数字是函数，除了参数以外没有变量，控制流语句也变身为函数。

　　lambda 演算（Lambda calculus）是 20 世纪 30 年代美国数学家邱奇（Alonzo Church）提出的一套数理逻辑的形式体系。20 世纪初期，作为数学基础的数理逻辑成为大批数学家最感兴趣的领域之一，希尔伯特、罗素、哥德尔、图灵、邱奇等人都从不同方面做出了重要的贡献。图灵和邱奇关心的问题可以概括为对数学里可计算的函数建立一套形式体系，从而可以对有关计算的基础性数学问题进行表述和研究。图灵建立起来的体系是图灵机，邱奇创建的则是 lambda 演算，两套理论以不同方式描述了可计算性（Computability）。根据邱奇－图灵论题（Church–Turing thesis），图灵机和 lambda 演算是等价的。毫不出奇，这些关于计算的数学理论也成为计算机科学的基础。图灵机可以看作命令式编程的前身，lambda 演算则函数式编程的理论基础。

3.2.1　定义

　　lambda 演算的对象是 lambda 表达式（Lambda expression），它由以下成分组成。

- 变量 v_1、v_2、$\cdots$、v_n。
- 抽象符号 lambda "λ" 和点号 "."。
- 括号 "()"。

lambda 表达式的集合 Λ，可以递归地定义。

- 如果 x 是一个变量，那么 x 属于集合 Λ。

---

① 英文为 control flow 或 flow of control，意为控制即当前执行代码的流向。这个术语在很多场合被译为流程控制或控制流程，但流程在中文中通常被理解为某项工作进行的程序（Procedure 或 Process）而不是 flow 所表达的流，流程控制或控制流程看上去更像是在描述工业生产。并且流程控制按着中文的构词法，流程无论是作为控制的修饰词还是控制的宾语前置，整个词组的重心都是控制；而 control flow 和 flow of control 词组的核心是 flow，control 是修饰词。所以控制流的译法更合适，虽然某些场合可能发生将控制作为形容词、流作为流派的理解，但总体上还是比流程控制更清晰和少歧义。

- 如果 x 是一个变量并且 M 属于集合 Λ，那么 $(\lambda x.M)$ 属于集合 Λ。

- 如果 M 和 N 属于集合 Λ，那么 $(M\,N)$ 属于集合 Λ。

第二条规则称为抽象，第三条规则称为应用。在运用抽象规则构建的 lambda 表达式中，λ 后面跟随的变量 x 称为绑定的变量，M 中出现的其他变量则称作自由的。例如，$(\lambda y.(y\,x))$ 中的 y 是绑定的，x 是自由的。可以看出抽象和应用分别对应函数的定义和调用，绑定变量则相当于函数的参数。

3.2.2　记法

lambda 表达式可以根据以下惯例，在含义不变的前提下，简化形式。

- 最外层的括号可省略：$(M\,N)$ 可写作 $M\,N$。

- 表达式的应用运算是左关联的（Left associative），所以 $M\,N\,P$ 相当于 $(M\,N)\,P$。

- 应用比抽象的优先级高，所以 $\lambda x.M\,N$ 的含义为 $\lambda x.(M\,N)$，而不是 $(\lambda x.M)\,N$，其中的括号也可省略。对此规则的另一种理解方式是，确定抽象的范围时，边界尽可能向右延伸。

- 连续抽象可以缩写：例如 $\lambda x.\lambda y.\lambda z.N$ 可简写为 $\lambda xyz.N$。

3.2.3　化约

lambda 表达式可以进行 3 种化约（Reduction），其中最常用和重要的是下面两种。

α 变换（α-conversion）更改表达式中的绑定变量。例如 $\lambda x.x$ 可变换为 $\lambda y.y$，这就相当于函数的参数更名。

β 化约（β-reduction）将一个抽象表达式主体中的绑定变量替换成某个 lambda 表达式。例如将 $\lambda x.y\,x$ 中的 x 替换成 M，就得到 $y\,M$。这相当于函数应用到实际参数上。β 化约所依赖的变量替换（Substitution），用符号写作 $E[V := R]$，定义为将表达式 E 中所有自由的变量 V 替换成表达式 R。具体替换的过程，可以用以下规则递归地进行（其中 x 和 y 是变量，M 和 N 是任意 lambda 表达式）。

- $x[x := N] \equiv N$（将单个变量替换成表达式。）

- $y[x := N] \equiv y$，如果 $x \neq y$（要替换的变量与当前变量不同时，当前变量保持不变）。

- $(M1\,M2)[x := N] \equiv (M1[x := N])\,(M2[x := N])$（对应用表达式进行替换，结果是对表达式的两个组成项分别进行替换）。

- $(\lambda x.M)[x := N] \equiv \lambda x.M$（对抽象表达式进行替换，假如要替换的变量与绑定变量相同，表达式不变）。

- $(\lambda y.M)[x := N] \equiv \lambda y.(M[x := N])$，如果 $x \neq y$ 并且 y 在 N 中不是自由变量（对抽象表达式进行替换，假如要替换的变量与绑定变量不同，并且绑定变量在要被替换的表达式中不是自由变量，对抽象表达式的主体进行变量替换）。

这 5 条规则对应于 lambda 表达式定义的 3 条规则，涵盖了所有可能的情况。根据 lambda 表达式的定义规则，可以从简单到复杂递归地构造出所有表达式；根据替换规则，可以从复杂到简单递归地对所有表达式进行变量替换。

这些规则看似烦琐，实际上只是在各种情况下贯彻替换的定义，关键是不同变量不能混淆，这里的不同变量既包括名称不同（写作不同字符的），也包括名称相同但含义不同。这又分两种情况：首先是同名的自由变量和绑定变量含义不同，如 x 和 $\lambda x.x$ 两者中的 x；其次是不同抽象表达式中的同名绑定变量含义不同，如 $\lambda x.(x\ \lambda x.x)$ 中出现的第 2 个和第 4 个 x 分别是外面和里面两个抽象表达式的绑定变量，含义不同。

根据第 5 条规则进行替换时，假如抽象表达式中的绑定变量在要被替换的表达式中是自由变量，就必须先对该绑定变量进行 α 转换。例如，$(\lambda x.y)[y := x]$ 的结果不是 $(\lambda x.x)$，因为 $y:=x$ 中的 x 是自由变量，替换后却变成了绑定变量，$\lambda x.y$ 和 $y:=x$ 中的 x 原本是不相干的，结果却成为同一个变量。正确的步骤是先将 $\lambda x.y$ 表达式 α 转换成 $\lambda z.y$，再进行变量替换，得到 $\lambda z.x$。

假如两个表达式通过化约能变成同一个表达式，就被称为是等价的（Equivalent）。具体而言，若两个表达式能通过 α 化约变成同一个表达式，就被称为是 α 等价的（α-equivalent）；若两个表达式能通过 β 化约变成同一个表达式，就被称为是 β 等价的（β-equivalent）。这些等价关系都用 ≡ 符号来表示。

3.2.4 算数

《几何原本》一书开头给出的定义、规则和公理有些枯燥，但欧几里得很快就让读者获得了回报，各种有趣的定理和结论都能从这些基本的前提推导而出。前几节对 lambda 表达式的简要介绍，读者们只要"忍耐"过去，就可以欣赏到它在此后两节中的"表演"——算数和逻辑运算（注意对各种值和运算，可以构造出的 lambda 表达式都不止一种，下面给出的只是其一）。

最基本的算术运算是自然数的加法。1、2、3……这些我们小时候掰着手指数数就学会的数字，普通人都当作最基本的数学概念。但数学家们不满足于此，要将数字纳入严密的公理系统。邱奇以 lambda 表达式作为计算的基础，首先就要用 lambda 表达式来表示数字。他给出的定义如下：

```
0 := λf.λx.x
1 := λf.λx.f x
2 := λf.λx.f (f x)
3 := λf.λx.f (f (f x))
```

以这种方式表示的数字称为邱奇数（Church numeral）。从函数的角度来理解，这些数字接收一个函数 f 作参数，返回一个以 x 为参数的函数，这个函数通过对 x 重复应用 f 计算出返回值，重复应用的次数就是它所代表的数字。数字 1 对应的函数返回值是 f x，数字 2 对应的是 f (f x)，数字 3 对应的是 f (f (f x))，注意这里括号的应用遵循 lambda 表达式的规则，而不是数学上的习惯。数字 0 是一个特殊情况，它的返回值与 f 无关，相当于应用了 f 函数 0 次。数字本身用函数来定义，这对初识的读者来说，是新鲜而神奇的。实际上，这并没有脱离我们原本对自然数的观念。0、1、2、3……当我们最初学习这些数字时，接触的是两条基本的观念：它们有一个起点，任何一个数字都有一个后续。这里 0 是数字的起点，1 是 0 的后续，2 是 1 的后续，3 是 2 的后续……而在邱奇数中，λf.λx.x 是起点，每一个数字（函数）的后续就是对前一个函数的返回值再应用一次 f。这个后续函数也能表示为 lambda 表达式。

```
SUCCEED := λn.λf.λx.f (n f x)
```

其中的 n 就是邱奇数。后续函数可以被视为定义了数字的加一运算，也就是返回值等于参数加一。两个自然数 m 和 n 相加，可以定义为给 n 加了 m 次 1，所以有加法的 lambda 表达式：

```
ADD := λm.λn.m SUCCEED n
```

可以验证：

```
ADD 2 3
≡ (λm.λn.m SUCCEED n) 2 3
≡ 2 SUCCEED 3
≡ (λf.λx.f (f x)) SUCCEED 3
≡ SUCCEED (SUCCEED 3)
≡ SUCCEED (λf.λx.f (f (f (f x))))
≡ λf.λx.f (f (f (f (f x))))
```

正是邱奇数 5 的表达式。类似地，还能给出减法、乘法等其他算术运算的 lambda 表达式。

3.2.5　逻辑运算

我们再来看程序中至关重要的逻辑运算如何用 lambda 表达式进行。与算术运算一样，第一步是给出布尔值的表达式。

```
TRUE := λx.λy.x
FALSE := λx.λy.y
```

它们被称为邱奇布尔值（Church booleans），注意 FALSE 的定义和邱奇数 0 是等价的。接着就可以定义常用的逻辑操作符。

```
AND := λp.λq.p q p
OR := λp.λq.p p q
NOT := λp.p FALSE TRUE
```

可以验证这些表达式化约的结果与我们熟悉的逻辑运算是一致的。

```
AND TRUE FALSE
≡ (λp.λq.p q p) TRUE FALSE
≡ TRUE FALSE TRUE
≡ (λx.λy.x) FALSE TRUE
≡ FALSE
```

我们还可以表达编程语言中常用的 if 语句。

```
IFELSE := λp.λa.λb.p a b
```

例如，当条件 p 为 TRUE 时：

```
IFELSE TRUE a b
≡ (λp.λa.λb.p a b) TRUE a b
≡ TRUE a b
≡ (λx.λy.x) a b
≡ a
```

返回的结果是 a；当条件 p 为 FALSE 时，返回的结果是 b。

3.2.6　函数式编程的特点

有些读者或许会觉得上述关于 lambda 演算的内容有些偏离主题，我之所以在一本讨论 JavaScript 编程的书中执意介绍这些知识，除了因为理论本身的意义，从少数几个概念和原则出发，就能建立起精确描述所有计算的一种模型，更重要的是由于 lambda 演算作为函数式编程的理论基础，后者的不少特点从它身上都可以看到。lambda 表达式的应用对象是 lambda 表达式，得到的结果还是 lambda 表达式。这就相当于一个函数的参数是函数，返回值也是函数，这样的函数就是函数是第 4 章的主题。lambda 表达式只有一个绑定变量，相当于一元函数，λxyz.N 可以看作 λx.λy.λz.N 的简化形式，部分应用和复合章介绍的柯里化便是函数式编程中的对应技术。lambda 演算是没有副作用的，lambda 表达式作为数据都是不可变的，这些又都是函数式编程的重要特点，将在副作用和不变性章中介绍。lambda 演算可以通过递归来进行重复的计算，这种计算方式将在同名的递归章进行讨论。最早的函数式编程语言之一 Scheme 将 lambda 演算作为语言的核心，其对列表的处理方式也成为函数式编程的一个特点，将在第 8 章中介绍。

3.3　JavaScript 中的函数

　　lambda 演算将计算描述为 lambda 表达式的定义和化约。在以其为理论基础的函数式编程中，代码由函数的定义和调用组成，执行程序的过程就是逐级调用函数，直至计算出最终的返回值。一门编程语言，能否被用来进行函数式编程，关键是看其中的函数能不能充当 lambda 表达式的角色。Haskell 这样的纯函数式编程语言中，函数天生就是 lambda 表达式。在 Java 之类的命令式编程语言中，函数（方法）原本不具备 lambda 表达式的行为，后来引入的 lambda 表达式功能则模拟了它。JavaScript 是带着几种语言的基因出世的，支持多种编程范式是它的特点。采用命令式编程范式时，函数是静态创建的功能单元。采用对象式编程时，函数以方法的形式从属于对象。采用事件驱动编程时，函数的主要作用是传递预定义事件的处理逻辑。这些时候，JavaScript 中的函数所扮演的角色与 C 和 Java 等命令式语言中的函数没有差别，它所具备的 lambda 表达式的特征都被忽视了。可以说函数式编程的风潮使得 JavaScript 中的函数作为 lambda 表达式被重新发现和运用了。

　　JavaScript 中的函数可以做到任何 lambda 表达式能做的事，这是它能被用来进行函数式编程的先天基础，也是当诸多语言赶时髦引入 lambda 表达式时，JavaScript 加入类似的语法，却只称为箭头函数（Arrow function）的原因。与早已存在的函数表达式相比，箭头函数只是更短小，并且没有服务于对象编程的一系列行为。采用箭头函数，上文关于算术的 lambda 表达式对应如下的 JavaScript 代码。

```
//因为数字不能直接用作常量的标志符，这里将它们定义成一个常量对象的属性。
const NUMBER = {
    0: f => x => x,
    1: f => x => f(x),
    2: f => x => f(f(x)),
```

```
        3: f => x => f(f(f(x))),
};
const SUCCEED = n => f => x => f(n(f)(x));
const ADD = m => n => m(SUCCEED)(n);
```

虽然理论上数字可以用这种函数的形式表达，但在任何实际运算或编程语言中，都不会这样做。首先，根据哥德尔第一不完备定理（Gödel's first incompleteness theorem），不存在能判断随意两个 lambda 表达式是否等价的算法。而任何数字都有无穷多个可能的 lambda 表达式，这就会导致明明两个函数返回的是同样的数字，却因为表达式的形式不一样，没法确定是否为同样的值。其次，可以想象，即使能够判断随意两个表达式是否等价，用它们来表示数字进行计算，是相当低效的。所以，上面的代码虽然定义了若干数字和后续、加法两种运算，却是无法计算出 1 + 2 = 3 的。

不过在逻辑运算中，由上文的 lambda 表达式改写的 JavaScript 函数倒真的可以被用来编写一个有趣的程序。

```
const TRUE = x => y => x;
const FALSE = x => y => y;
const IFELSE = p => a => b => p(a)(b);


console.log(IFELSE(TRUE)('Hello world!')('error'));
//=> Hello world!
```

将 JavaScript 中的函数当作 lambda 表达式，进行函数式编程，是本书后面各章的主要内容。在正式进入主题前，有必要对 JavaScript 中与函数有关的语法和特点做一些介绍，因为这些语法和特点决定了怎样在 JavaScript 这门特定的语言中运用函数式编程的思想和方法。

3.3.1　定义函数

JavaScript 有多种定义函数的方式，了解它们之间的区别和各自的特点有益于在不同的场景下选择适合的方式。

1. 函数声明

函数声明（Function declaration）是最基本的定义函数的方式，它使用函数语句（Function statement），包含函数的名称、形式参数和构成函数体的语句。

```
function name([param[, param[, ... param]]]) {
```

```
    statements
}
```

通过声明定义的函数会被提升，在同一个作用域中任何位置声明的函数都能够被其他任何位置的代码调用，因此可以根据个人喜好或某种惯例安排它们的顺序。

```
hoisted();
//=>foo

function hoisted() {
    console.log('foo');
}
```

函数的参数可分为位置参数（Positional parameter）和具名参数（Named parameter）两类。前者在调用函数时只需传入参数的值，函数根据其在实际参数列表中的位置将其绑定到某个形式参数。后者在调用函数时同时传入参数的名称和值，对应名称的形式参数获得该值。位置参数的好处是简便，具名参数的优点是灵活，允许函数的调用者以任何顺序传递参数，并且往往还能省略。JavaScript 只支持位置参数，不过结合 ECMAScript 2015 新增的解构赋值（Destructuring assignment）语法，也能实现具名参数的效果。

```
function fullName({firstName, lastName}) {
    return '${firstName} ${lastName}';
}

console.log(fullName({lastName: 'Hanks', firstName: 'Tom'}));
//=> Tom Hanks
```

同样，自 ECMAScript 2015 起，JavaScript 支持默认参数和剩余参数，不再需要用||操作符和 arguments 来分别模拟这些功能。默认参数允许在调用函数时省去传递实际参数，而使用形式参数的默认值。不仅可以指定整个参数的默认值，还可以与解构赋值一起使用，设置数组参数的元素或对象参数的属性的默认值。

```
function distance([x1, y1], [x2 = 0, y2 = 0] = []) {
    return Math.sqrt((x2 - x1) ** 2 + (y2 - y1) ** 2);
}

console.log(distance([3, 4], [6, 1]));
//=> 4.242640687119285
console.log(distance([3, 4]));
//=> 5
```

```
function greet({firstName, lastName}, {salutation = 'Hello', title = 'Mr.'}
= {}) {
    return salutation + ', ' + title + ' ' + firstName + ' ' + lastName + '
!';
}

console.log(greet({firstName: 'Tom', lastName: 'Hanks'}));
//=> Hello, Mr. Tom Hanks!
```

`{salutation = 'Hello', title = 'Mr.'} = {}`初看上去或许有些古怪，左边的大括号及其中的变量是将 `greet` 函数的第二个参数解构赋值，变量后面的等号和值是在设置它的默认值，最右边的等号和空对象是为了给第二个参数设置默认值，否则当该参数被省略时，解构赋值接收到的是 `undefined`，从该值上读取属性将会产生错误。`[x2 = 0, y2 = 0] = []`的道理类似。

剩余参数允许为函数定义数量不定的参数，并将这些参数集中在一个数组中。剩余参数与散布语法具有一样的形式，两者实现的功能却是相反的。散布语法是将一个可迭代的对象（如数组）迭代出来的值分散到可以接收不确定数量值的地方（如调用函数时传递参数或数组字面值），或一个对象遍历出来的键值对分散到可以接收这些数据的地方（如对象字面值）。不过如果将两处语法在名称前共同的“`...`”视为一个操作符，能够散布其后的对象，则两者的作用就很自然地统一起来。

2. 函数表达式

函数表达式（Function expression）在语法上与函数声明很相似，它可以出现在任何其他表达式可以出现的地方。

```
function [name]([param[, param[, ... param]]]) {
    statements
}
```

表达式中的函数名称 `name` 是可选的。不写名称，就获得了一个匿名函数，这在返回函数和传递函数值的参数等情况下都很方便。即使写上，该名称也不会像在函数声明中那样成为指向函数的标识符。

```
(function foo() {
    console.log('foo');
});
foo();
//=> TypeError: foo is not a function
```

要根据名称调用以表达式定义的函数时，通常将该表达式赋值给一个常量，以后该常量就指向函数，可以被调用。

```
const fn = function foo() {
    console.log('foo');
};
fn();
//=> foo
```

函数表达式中的名称也不是全无用处，它可以通过函数的 name 属性获取或在调用堆栈中查看，帮助调试。

注意在前面的代码里，单独出现的函数表达式被包含在一对括号中。这是因为带有名称时，函数表达式和函数声明的语法完全一样，假如一行代码仅仅包含一个函数表达式，会被 JavaScript 识别为函数声明。要让它被识别为表达式，就要将它放在表达式才能出现的语境中。最简明的方法是将它放在用于控制表达式计算优先级的分组操作符 ()（Grouping operator）内，这样计算出的函数可以即时调用。与此相对，函数声明作为语句，求值（Evaluate）结果是 undefined，而不是定义的函数，无法立即调用。大量脚本利用函数表达式的这一特点，将所有代码置于一个顶级的匿名函数内，即时调用，从而确保脚本运行于独立的作用域，不会和其他代码冲突，这就是所谓的立即可调用函数表达式（Immediately Invokable Function Expression，IIFE）模式。

```
(function() {
    console.log('foo');
})()
//=> foo
```

本质上，函数表达式都可以立即调用，比如下面的几个变体，IIFE 模式只是清晰地突出了主题。

```
//在分组操作符内完成函数调用。
(function() {
    console.log('foo');
}())
//=> foo

//void 操作符对作为它操作数的表达式进行求值，并返回 undefined。
void function() {
    console.log('foo');
}()
```

```
//=> foo
```

```
//逗号操作符（Comma operator）对它的操作数从左至右进行求值，并返回最后一个值。
//利用它也能避免函数表达式被识别为函数声明。
1, function() {
    console.log('foo');
}()
//=> foo
```

函数表达式不会被提升，必须先定义，再使用。

```
notHoisted();
//=> TypeError: notHoisted is not a function

const fn = function notHoisted() {
    console.log('foo');
}
```

3. 箭头函数表达式

ECMAScript 2015 引进了箭头函数表达式，它是原有函数表达式的精简版，语法如下所示。

```
([param[, param]]) => {
    statements
}

([param[, param]]) => expression
```

前者的函数体可以包含一系列语句，返回值需要使用 return 语句。后者的函数体就是一个表达式，返回的就是该表达式的值。与函数表达式相比，箭头函数表达式除了外形上更短小，还做了以下功能和行为上的精简。

（1）面向对象编程方面

JavaScript 为了支持面向对象编程，给函数添加到许多相关的功能和行为。箭头函数取消了这些行为，更适合用于函数式编程。

在引入箭头函数之前，JavaScript 中所有的函数都会创建单独的 this 绑定，根据函数被调用的方式不同，其中的 this 包含不同的值。这种行为被用于对象式编程：函数被用作对象的建构函数时，this 指向新创建的对象；函数作为对象的方法被调用时，this 指向该对象。箭头函数则不会创建单独的 this 绑定，this 若在函数内出现，使用的是包含该箭头函数的上下文（Context）中 this 的值，即使在 JavaScript 的严格模式下也是如此。普通函数可以通过 call、apply 和 bind 方法设定所用的 this 对象，对箭头函数调用这些方法时，传入的 this 对象参数则会被忽略。

```
function Person() {
    this.age = 0;

    const growUp = function () {
        //此函数创建了新的 this 绑定。
        this.age++;
    };
    //箭头函数没有创建新的 this 绑定，其中的 this 指向的是包含箭头函数的
    // Person 函数中的 this 对象。
    const growUp2 = () => {
        this.age++
    };
    //以普通方式调用 growUp 函数，其中的 this 在非严格模式下指向全局对象，
    //在严格模式下值为 undefined（此处代码运行在严格模式下）。无论哪种
    //情况，都不符合预期的行为——修改当前对象。
    // growUp();
    //=> TypeError: Cannot read property 'age' of undefined
    growUp2();
    console.log(this.age);
    //=> 1
}

let p = new Person();
```

因此，箭头函数不能用作对象的建构函数，也不适宜用来定义对象的方法。

```
const Animal = () => {
    this.age = 0
};
let a = new Animal();
//=> TypeError: Animal is not a constructor

const vehicle = {
    mileage: 0,
    run: (miles) => {
        this.mileage += miles;
```

```
    }
};
vehicle.run(100);
//=> TypeError: Cannot read property 'mileage' of undefined
```

与以上行为相一致的是，箭头函数不能读取 `new.target` 属性，也没有 `prototype` 属性。

```
(() => {
    console.log(new.target)
})()
//=> SyntaxError: new.target expression is not allowed here

(() => {
    true
}).prototype
//=> undefined
```

（2）没有单独的 arguments 绑定

箭头函数以外的所有函数内都有一个单独的 `arguments` 绑定，它是一个类似数组的对象，包含传递给函数的所有参数。在 ECMAScript 2015 引入剩余参数（Rest parameters）之前，函数只有通过 `arguments` 才能获取调用者传递给它的不确定数目的参数。剩余参数使函数的形式参数列表更清晰，使用起来也更方便，基本可以取代 `arguments`。所以箭头函数取消了单独的 `arguments` 绑定，在它里面出现的 `arguments` 包含的是箭头函数所在外套函数中 `arguments` 的值，就像 this 绑定一样。

```
function foo(num) {
    const bar = () => {
        //此处的 arguments 包含的是函数 foo 的参数值。
        console.log(arguments[0]);
    };
    bar(2);
}

foo(1);
//=> 1
```

（3）不能使用 yield 操作符

箭头函数内不能使用 yield 操作符（除非是在其内嵌的其他普通函数内），因此箭头函数不能被用作生成器（Generator）。

4. Function 建构函数

JavaScript 中的函数都是 Function 对象，Function 是它们的建构函数。所以函数自然也可以显式地调用 Function 来创建。

```
new Function ([arg1[, arg2[, ...argN]],] functionBody)
```

Function 函数的参数都是字符串，最后一个参数 functionBody 包含的是要创建的函数内的语句，之前的数目不定的参数 argN 用作要创建的函数的形式参数的名称。用字符串形式的代码动态创建函数，虽然能带来一定的灵活性，但在安全性和性能上都会受影响，实际很少采用。

5. 其他方式

还有一些其他方式用于定义特殊的函数。生成器函数（Generator function）与普通函数相对应，有 3 种定义方式。

（1）生成器函数声明

```
function* name([param[, param[, ... param]]]) {
    statements
}
```

（2）生成器函数表达式

```
function* [name]([param[, param[, ... param]]]) {
    statements
}
```

（3）GeneratorFunction 建构函数

```
new GeneratorFunction (arg1, arg2, ... argN, functionBody)
```

其中：

```
GeneratorFunction = Object.getPrototypeOf(function*(){}).constructor
```

对象的 getter 和 setter 是读取和写入某个属性时调用的函数，分别用 get 和 set 语法定义。

```
{get prop() { ... } }
{get [expression]() { ... } }
```

```
{set prop(val) { . . . }}
{set [expression](val) { . . . }}
```

其中 prop 是属性的名称，expression 是计算出属性名称的表达式。

3.3.2　调用函数

　　JavaScript 中的函数可以扮演多种角色，也就有了与每一种角色相应的调用方式。普通函数的调用方式最平凡，就是在函数的名称后面用圆括号包围传递的参数。用作建构函数时，须在函数名称前加上 new 操作符。用作对象的方法时，运用点号或方括号形式的属性存取符从对象读取方法，再在后面跟上用圆括号包围的参数，方法内的 this 关键字会被动态绑定到调用该方法的对象。

```
let o = {
    a: 1,
    b() {
        console.log(this.a);
    }
};

o['b']();
//=> 1
}
```

　　如果想让一个方法用作非它所属的对象的方法，或者说让任意一个使用了 this 关键字的函数中的 this 绑定到任意一个对象，就需要利用函数的 call 或 apply 方法。两者都可以为函数指定所用的 this 对象，差别是 call 为函数接收的参数是分立的，apply 方法则是将函数的参数集合为一个数组接收。

3.3.3　传递参数

　　调用一个有形式参数的函数时，调用者需要将实际参数传递给该函数。有两种传递的方式：按值传递（Pass by value）将实际参数的值复制到函数的形式参数中去，两者互不影响，也就是说，如果实际参数原本存放于变量中，函数修改对应的形式参数值，该变量的值不会改变；按引用传递（Pass by reference）将实际参数的引用（地址）传递给形式参数，相当于在函数内为实际参数值绑定了一个新名称，假如实际参数原本有名称，在函数的作用域内就形成一个值有两个名称的现象（别名），函数对形式参数的修改自然会反映到实际参数上。

　　对 JavaScript 中传递参数的方式，学者们一直争论不断。一方认为 JavaScript 对于两类数据类型采取不同的传递方式。当参数是数字这样的值类型时，按值传递，所以函数修改形式参数不会影响实际参数；当参数是对象这样的引用类型时，按引用传递，所以函数修改形式参数会影响实际参数。另一方认为 JavaScript 单纯使用按值传递的方式。函数对于对象参数的修改之所以会影响到实际参数，原因不是对象按引用传递，而是对象作为引用类型的本质决定的。容纳实际参数的变量，若参数为值类型，包含的是参数值本身；若参数为引用类型，包含的是参数值的地址。两种情况在调用函数时，都是将变量值复制到形式参数中去，因而都属于按值传递，只不过通过后者的值仍能修改实际参数。

　　实际上，JavaScript 中所有的数据都是引用类型的，调用函数时参数按值传递。对于数字、字符串等不可变的数据类型，函数中更改参数值获得的是该类型新的实例，因而不会影响实际参数。而对于对象这样的可变的（将在 6.3 节中详细介绍）数据类型，在函数中修改参数值时，变化就会反映到指向该对象的外部变量上。理论上，对按值传递和按引用传递的区分，原本就是针对值类型的参数。对于引用类型的参数，编程语言的设计者通常不会在采用哪种传递方式上花心思，将引用按值传递给形式参数是自然的选择，而由此产生的情况其实与用任何一种方式传递值类型的参数都有差别：函数对形式参数的改变（例如修改一个对象的属性），实际参数是可见的，这一点与按引用传递相同；函数无法更换实际参数的值（比如像赋值那样换成另一个对象，而对于值类型的按引用传递，如 C 中用指针传递一个数字，这是可以的），这一点又与按值传递一致。作为补充一提，现实中也存在对于引用类型的参数还要按引用传递的语言。例如在 C#中，在参数前使用 ref 或 out 关键字，就可以将一个对象的本就是引用的引用传递给函数，从而可以实现让容纳实际参数的变量指向另一个对象的效果。

　　值得指出的是，JavaScript 这种按值传递的行为除了调用函数外，还体现在其他场合。假如我们把读写对象属性的[]操作符看作一个内置的函数（在后文会看到，各种操作符确实是函数），它的操作数也是按值传递的。

```
//待添加属性的对象。
let object = {};
//用一个变量来容纳属性的键。
let key = "a";
//变量值被传递给[]操作符。
object[key] = 10;
//修改变量。
key = 'b';
//对象属性的键值不会改变。
```

```
f.log(object);
//=> {a: 10}


//键本身为对象。
let keyContainer = {key: 0};
object[keyContainer] = 11;
//修改键对象。
keyContainer['key'] = 1;
//属性的键也随之变化。
f.log(object[keyContainer]);
//=> 11
```

函数的返回值也是按值传递的。为了显示这一点，需要让函数凭借闭包记住返回值。下面这个函数 k 返回一个新创建的函数，该函数的返回值始终是闭包中记住的 k 的参数。这个简单且看似无用的函数在函数式编程中经常会用到。

```
function k(v) {
    return function () {
        return v;
    }
}


//利用函数 k 创建一个返回 1 的函数。
let return1 = k(1);
//将返回值传递给一个变量。
let ret = return1();
//修改该变量的值。
ret = 2;
//return1 闭包中记住的返回值没有变化。
f.log(return1(), ret);
//=> 1 2


//创建一个返回空对象的函数。
let returnObj = k({});
ret = returnObj();
//修改返回的对象。
ret.a = 1;
//returnObj 闭包中记住的返回值也随之变化。
f.log(returnObj(), ret);
//=> {a: 1} {a: 1}
```

3.3.4　模块

当程序的规模变大时，用模块来组织代码就变为必然。模块为代码提供了命名空间，避免不同来源和功能的代码发生命名冲突。模块将相关的数据和函数组织在一起，除了对外暴露的接口，内部成员都被封装起来，就像函数的封装作用一样，对其中代码的使用、安全和维护都大有裨益。

在 ECMAScript 2015 之前，JavaScript 没有内置的模块，程序员想了很多方法来模拟和构建模块的功能。主要有：用即时可调用函数表达式来防止代码污染全局作用域，从而影响其他脚本和受其他脚本影响；用某个对象来做模块，将相关函数附作它的方法；用闭包来实现模块的私有成员。此外，开发者社区还发明了 CommonJS 和 AMD（Asynchronous Module Definition，异步模块定义）两套分别适用于服务器和浏览器的模块系统，基于前者的 npm（www.npmjs.com）已经成为世界上最大的代码库。

虽然如此，采用模拟的方法和自定义的模块还是有很多不便之处和缺点。JavaScript 需要一个统一的、开发和使用方便的、高效的模块系统。最终，ECMAScript 2015 为语言加入了原生的模块支持。目前这项新特性的普及在 ECMAScript 2015 的所有特性中是最迟缓的，这主要是由于它与 CommonJS 模块的不兼容和现有代码的庞大基数，不过以它作为 JavaScript 内置的功能和根本的优点，未来必将成为主流。本书中的样例代码就是采用 ECMAScript 2015 模块来组织的，一共分为 5 个模块：`fp.js`、`map.js`、`list.js`、`lambda.js` 和 `demo.js`。绝大部分通用函数定义在 `fp.js` 中，`map.js` 包含的是以函数式编程的风格操作 JavaScript 的 Map 对象的代码，`list.js` 包含的是与自定义的列表数据类型有关的函数，`lambda.js` 包含的是用 JavaScript 来模拟 lambda 演算的代码，`demo.js` 包含的是演示书中的理论和上述模块定义的函数的代码样例。因为使用 `export` 语句从一个模块导出函数和数据，所以后续的代码样例中经常会看到函数前缀以 `export`。导入另一个模块声明的实体时，采用模块对象的语法形式，将所有的函数和数据一起导入，例如在 `demo.js` 模块起始处就有下列两条语句：

```
import * as f from "./fp.js";
import * as m from "./map.js";
import * as l from "./list.js";
```

被导入函数都是以模块对象的方法的形式来使用的，所以后续的代码样例将大量出现函数名称前缀以 `f.` 的情况。以频繁使用的 `f.log` 函数为例，`log` 就是 `fp.js` 模块导出的一个函数（看上去使用 `f.log` 和 `console.log` 没有区别，似乎没必要如此费事。这样做的好处除了前者比后者要简短一些外，更重要的是 `log` 函数所使用的 `this` 对象被固定为 console，此后便可以对其应用函数式编程的技术，详见 5.4.2 节）。

```
export const log = console.log.bind(console);
```

3.4 小结

本章首先探讨了命令式编程中函数的作用：代码复用、抽象和封装。实际上，函数在所有的编程范式中都发挥了这些重要的作用。函数式编程则进一步将函数在编程中的角色从重要的手段升级为基础和本质。lambda 演算作为其理论基础，显示了函数在计算中广泛的可能性和灵活性。最后本章简要介绍了 JavaScript 与函数有关的语法。从下一章开始将正式讨论函数式编程的各种概念和技术。

■■ 第 4 章 ■■

函数是一等值

在函数式编程的标准或特点中，"函数是一等值"的概念是最基本和重要的，也是最为人们所认同的。所有介绍函数式编程的书籍和文章都会优先介绍这一点，以至于"一等值"几乎成为函数的专属头衔，听上去就像"王牌"一类的文学修辞，而实际上却两者皆不是。

一等（First-class）是编程语言中值的通用修饰词，只要某个值满足以下 3 个条件，就能被称为一等值。

- 可以作为参数传递给函数。

- 可以作为函数返回值。

- 可以被赋值给变量。

所以数字、字符串等常用的值都是一等的。如果仅满足第一条，而不能作为函数返回值或被赋值给变量，就称为二等（Second-class）的。假如 3 条都不满足，则称为三等（Third-class）的。例如，标签（Label）在支持它的语言中基本上都是三等的（只能用于 goto 等语句，不能作为参数传递给函数等）。函数值的情况最多样，在 Basic 语言中是三等值，在 Pascal 语言中是二等值，在 C、Fortran、C#等语言中是一等值，当然在所有函数式编程语言如 Scheme、Haskell、Clojure 中都是一等值。

此外，依赖变量和赋值是命令式编程的特点，函数式编程因为从原则上排斥状态，不鼓励使用变量，纯粹的函数式编程语言甚至没有变量，因而在这些语言中，函数是一等值的第 3 个条件就变为可以被赋值给常量。

「 4.1 函数参数 」

函数可以作为参数传递，即使是在函数式编程之风尚未兴起时，刚入门的 JavaScript 程序员也不会陌生。因为在 Web 开发中，尤其是早期，程序员的主要工作就是为 HTML 元件编写事件收听者（Event listener），这些事件处理器就是函数，它们被传递给元件的 addEventListener 之类的方法。在这种场景下，事件收听者被传递给事件发布者，是事件驱动编程的核心过程。不过从函数式编程的角度看，能够作为参数传递的函数依然体现了其优势。假如进行事件驱动编程时使用的语言不支持这一点，就必须将函数包装在其他某种能作为参数传递的值中。例如，用 Java 8 之前的版本开发图形用户界面程序时，视图上某个控件的事件处理函数被包装在执行特定接口（如 MouseListener）的对象中，该对象再被传递给控件的特定方法（如 addMouseListener）。这样包装事件处理函数不仅使代码更冗赘，还会造成一些不便。比如，收听器对象包含处理多个事件的方法，它们只能作为一个整体传递，假如两个控件有部分事件的处理函数相同，就不能复用这些代码，而只得分别编写两个包含重复代码的收听器对象；再比如，一个收听器对象只能包含某个事件的一个处理函数，这就使得多个控件的同一事件的处理函数不能写在一个对象里，增加了代码的分散性。Java 8 增加了 lambda 表达式和方法引用（Method reference），两者皆以函数式接口（Functional interface）的形式包装函数，使得函数能作为参数传递，从而解决了传递事件收听者过程中的上述问题。

4.1.1　数组的迭代方法

JavaScript 程序员将函数作为参数传递的另一种经验来自数组的迭代方法。受到其他编程语言中数组、列表之类的数据结构和 Prototype、Underscore 等脚本库的启发，ECMAScript 5 给 JavaScript 中的数组新增了一系列迭代方法（Iterative methods），如 map、reduce、filter 等，它们的参数中都有一个函数，在对数组迭代时应用于每一个元素。下面用函数的形式来表示这些方法。2.2.7 节给出了一种函数类型的记法，应用于 JavaScript 中有一些细微的调整。简单数据类型以 JavaScript 支持的为标准，因此数字类型只有 Number，字符和字符串类型都是 String。不确定元素类型的数组采用 [a] 的简洁记法，对象可以用 Object，或者在需要表示键和值类型时用 {k: v} 的形式。于是，有：

```
map :: ((a -> b), [a]) -> [b]
reduce :: ((a, b) -> a), a, [b]) -> a
filter :: ((a -> Boolean), [a]) -> [a]
```

通过函数的类型可以看出，被调用方法的数组变成函数的一个参数，数组是最后一个形式参数，而不像命令式编程的风格被设为第一个参数。为什么要将方法转换成这样的函数以及怎样进行转换，都将在第 5 章中找到答案。下面给出了使用这些函数的一些例子。

```
//将一个数组中的字符串都变为大写。
f.log(f.map(word => word.toUpperCase(), ['foo', 'bar']));
//=> ["FOO", "BAR"]

//获取一个数组中每个字符串的长度。
```

```
f.log(f.map(word => word.length, ['four', 'five', 'seven']));
//=> [4, 4, 5]

//获取一个数组中每个数字的平方。
const nums = [1, 2, 3, 4, 5];
f.log(f.map(n => n * n, nums));
//=> [1, 4, 9, 16, 25]

//将一个数组中的数字求和。
f.log(f.reduce((accum, cur) => f.add(accum, cur), 0, nums));
//=> 15

//获取一个数组中的奇数。
f.log(f.filter(n => n % 2 !== 0, nums));
//=> [1, 3, 5]
```

显然这些数组函数更有利于各自适用问题的解决，假如没有它们，而以命令式编程的方式来实现上述算法，每个例子都不可能用一行代码完成。这些函数典型地体现了函数作为参数传递的价值——传递函数就是传递和复用算法。一个函数能够从参数中动态获得它要调用的函数，既增强了调用函数（Caller）行为的灵活性，也扩大了被调用函数（Callee）代码复用的可能性。

4.1.2 设计函数参数

以同样的思路，还能定义数组的迭代方法没有包含的其他函数。假设我们要求一个数组元素中的最大值，元素为数字时，可以直接调用 Math.max 方法，那么元素为字符串时呢？最简单的反应是定义一个参数为字符串数组的求最大值的函数，但是数组的元素还可能是其他数据类型，例如包含姓名、年龄等属性的对象。因此最通用的解决方案是定义一个接收函数参数的 max 函数，该函数参数 fn 包含如何根据另一个数组参数的元素数据类型求最大值的信息。如何设计这个函数参数的功能和相应地 max 如何利用它，是十分值得考量的。第一种思路是在 max 函数内对数组的元素两两比较大小。如果数组中的元素为该函数支持的数据类型，就直接进行比较，否则需要先将元素转换成它支持的类型。所以 fn 发挥的是将一个值映射（map，数学上的映射概念，并不是指数组的映射函数）为另一个值的作用。

```
const persons = [{name: 'Larry', age: 17},
    {name: 'Tom', age: 13},
    {name: 'Mary', age: 24}];
```

```
function maxByMap(map, list) {
    function select(a, b) {
        return f.gt(map(a), map(b)) ? a : b;
    }

    return f.reduce(select, undefined, list);
}
```

```
//数组中的元素本身能比较大小时，无需任何转换，所以采用 identity
//函数，它简单返回参数值。这个看上去平淡无常，甚至多此一举的函数
//在函数式编程中经常会被用到。
f.log(maxByMap(f.identity, nums));
//=> 5
```

```
function identity(value) {
    return value;
}
```

```
f.log(maxByMap((p) => p.age, persons));
//=> {name: "Mary", age: 24}
```

```
f.log(maxByMap((p) => p.name, persons));
//=> {name: "Tom", age: 13}
```

第二种思路是将比较大小的算法从 max 函数抽离出来，普遍的做法是通过一个比较函数 compare 来表达某个有序集合中元素的次序。该函数接收两个参数，当前者的次序高于后者时，返回某个正数；当前者的次序等于后者时，返回 0；当前者的次序低于后者时，返回某个负数。

```
function maxByCompare(compare, list) {
    function select(a, b) {
        return f.gt(compare(a, b), 0) ? a : b;
    }

    return list.reduce(select);
}
```

```
f.log(maxByCompare(f.sub, nums));
//=> 5
```

```
f.log(maxByCompare((a, b) => f.sub(a.age, b.age), persons));
//=> {name: "Mary", age: 24}
```

可以看出 compare 函数提供的信息对于当前问题有些多余，找出最大值只需要确定两个值中较大的一个，至于是大于还是大于等于则无须区分。实际上遵循上述协议的比较函数最适宜的场合是排序，因为在那里大于或小于关系意味着要切换两个元素的位置，等于则不需要。而切换元素位置需要耗费计算资源，对于成员数量往往巨大的排序对象来说，明确区分等于关系从而省去不必要的切换操作，能带来明显的性能益处。反过来看当前问题，比较函数的行为不仅于性能无益，还增加了很多场景下实现该函数的困难。例如两个字符串参数的比较函数，要么得求出并汇总字符代码再做减法，要么得两次以上用字符串的关系操作符，因此上述代码省略了根据人员的名称属性求最大值的样例。

延续第二种思路，抽离出比较大小的算法，只需确定两个值中的较大者，大于关系函数 gt 本身就符合这个要求，因此我们只要将 max 函数中调用固定的 gt 变成调用从参数传递的大于关系函数。

```
function maxByGT(gt, list) {
    function select(a, b) {
        return gt(a, b) ? a : b;
    }

    return list.reduce(select);
}

f.log(maxByGT(f.gt, nums));
//=> 5

f.log(maxByGT((a, b) => f.gt(a.age, b.age), persons));
//=> {name: "Mary", age: 24}

f.log(maxByGT((a, b) => f.gt(a.name, b.name), persons));
//=> {name: "Tom", age: 13}
```

以上 3 种思路有一个共同点，就是利用函数参数构造出一个从两个值中选出较大值的 select 函数，再将它传递给数组的 reduce 方法，以冒泡算法找出最大值。既然如此，为什么不直接向 max 函数传递 select 函数作为参数？

```
function maxBySelect(select, list) {
    return list.reduce(select);
}
```

对于直接能比较大小的元素，利用 gt 函数单独定义一个求两个值中较大值的函数 max。该函数和 gt 一样具有参数多态性，可以应用于字符串或数字。

```
export function max(a, b) {
    return gt(a, b) ? a : b;
}
```

```
f.log(maxBySelect(f.max, nums));
//=> 5
```

对于其他没有天然次序的元素，就必须根据需求定义 select 函数。

```
f.log(maxBySelect((a, b) => f.gt(a.age, b.age) ? a : b, persons));
//=> {name: "Mary", age: 24}
```

```
f.log(maxBySelect((a, b) => f.gt(a.name, b.name) ? a : b, persons));
//=> {name: "Tom", age: 13}
```

回顾 4 种方案，除了第二种略逊一筹，其他 3 种各有千秋。最后两种方案的函数参数可以相互转换，也就是用 gt 函数可以定义 select 函数，用 select 也能够定义 gt。第一种方案依赖于将某个有序集合中的值转换成字符串或数字，理论上并不是对所有有序集合都能做到的[①]，但对于实际编程遇到的问题已足够。要衡量 3 种方案的优劣，还是应该从使用者的角度，也就是调用 3 个版本的 max 函数时，编写哪一个所需的函数参数更简单。不难看出，只有一个参数的 map 函数最易编写，所以我们最终采用这种方案。

⌈ 4.2 函数返回值 ⌋

相较于作为参数，函数能作为返回值，对编程语言的要求更高。首先，语言要支持函数的嵌套声明，即能在一个函数内声明另一个函数。其次，假如返回的函数都要提前声明，是很不方便的，更便利的做法是就地创建返回的函数，这要求语言支持运行时创建新的函数值，就像运行时能创建新的数字值、字符串值等一样，实际上这一点也是某类型的值能在严格意义上称为一等值的条件。最后，对于静态作用域的语言，调用返回函数时的引用环境和创建它时的不同，返回的函数要能够记住创建它时的引用环境，特别是返回它的函

---

① 例如实数集合的所有子集组成的集合，可以依据其元素数量及各个元素的大小定义次序，但这个集合元素多于实数集合，因此不可能建立到实数的一一映射。

数的局部变量，不能像普通情况那样存放于函数的调用堆栈，从而被删除。总之，语言必须支持闭包。JavaScript 这几个条件都满足：函数能够嵌套声明，函数表达式在运行时创建函数，函数总是被包含在闭包中。下面来看几个例子。

4.2.1　判断数据类型

根据 2.8 节，JavaScript 采用鸭子类型的标准进行类型检查和获得参数多态性。不过在有些场景中，仍需要手工依据某个值的类型来采取行动，例如当该值可能是不同的简单数据类型或数组、函数等类型时，需要执行不同的算法。2.7.3 节给出的 `typeof` 函数可以获得各种值的类型名称，为了使用方便，可以写出判断一个值是否为某个类型的谓词函数（Predicate，即返回布尔值的函数），如 `isString` 判断一个值是否为字符串。有些类型的值有简单或特殊的判断方法：

```
export function isUndefined(val) {
    return val === undefined;
}


export const isArray = Array.isArray.bind(Array);


/*
要判断一个值是否为对象数据类型，不能用 instanceof 操作符来判断，
因为有两种假阴性（False negative）的情况。
function isObject(val) {
    return val instanceof Object;
}
isObject(Object.prototype)
//=> false
isObject(Object.create(null))
//=> false

不能用 typeof 操作符来判断，因为有假阳性（False positive）
的情况：null，和假阴性的情况：函数和宿主对象。
function isObject(val) {
    return (typeof val === 'object');
}
isObject(null)
//=> true
```

也不能用 `typeOf` 函数来判断，因为对于简单数据类型的包装对象（Wrapper object），都得到假阴性的结果。

```
typeOf(new Number(3))
//=> Number

下面这个正确的方法巧妙地利用了 Object 函数的行为。Object 作为普通
函数使用时，能够接收任何类型的参数值。假如参数是简单数据类型，则返回
它的包装对象；假如参数是对象，则返回它本身；假如参数是 undefined 或 null，
则返回一个空对象。
*/
export function isObject(val) {
    return val === Object(val);
}
```

其他大部分类型的值还是依靠 `typeOf` 函数来判断。我们可以编写一个通用的函数来返回这些谓词函数。

```
//参数 type 为类型名称，返回的函数检查某个值是否为该类型。
function isA(type) {
    return function (val) {
        return f.typeOf(val) === type;
    }
}

const isString = isA(f.TYPES.STRING);
const isFunction = isA(f.TYPES.FUNCTION);
const isNumber = isA(f.TYPES.NUMBER);

f.log(isString('abc'));
//=> true
f.log(isFunction(isFunction));
//=> true
f.log(isNumber(1));
//=> true
```

4.2.2　日志

Log4J 等各种日志模块都有一个共同点，那就是日志有级别。记录日志时须标记级别，模块又能以某种方式设置当前所用级别，只有当前者不小于后者时，日志才会被输出到所用载体。采用这种方式，既能在代码中记录不同级别的信息，又能根据需要通过设置获取

各种详略程度的日志。依据惯例，会为若干常用的日志级别创建单独的函数，以便使用，如 DEBUG、INFO、LOG、WARN、ERROR 等。它们通常会在输出的日志前加注相应的符号或字眼，以示区别，例如 warn 函数在日志前缀以 "WARN：" 信息。下面用 JavaScript 简单实现这种日志模式。

```javascript
//日志的级别常数。
const LEVEL = {
    DEBUG: 1,
    INFO: 2,
    LOG: 3,
    WARN: 4,
    ERROR: 5
};

//当前所用日志的级别。
let currentLevel = LEVEL.LOG;

//创建不同级别的日志函数。
function createLogger(level, prefix) {
    return function (...args) {
        if (f.gte(level, currentLevel) && f.gt(args.length, 0)) {
            let firstArg = f.first(args);
            //这里输出日志所依赖的基础函数实际上是 console.log。
            //该函数接收多个参数，若第一个参数为包含格式
            //信息的字符串，后续参数对应于各个格式信息的
            //值；否则多个参数都被以空格间隔输出。
            if (isString(firstArg)) {
                firstArg = '${prefix} ${firstArg}';
                return f.log(firstArg, ...f.rest(args));
            } else {
                return f.log(prefix, ...args);
            }
        }
    }
}

const warn = createLogger(LEVEL.WARN, 'WARN:');
const debug = createLogger(LEVEL.DEBUG, 'DEBUG:');
```

```
warn(1, 2);
//=> WARN: 1 2

warn('%d missile(s) approaching', 3);
//=> WARN: 3 missile(s) approaching
```

4.2.3 读取对象属性

下面来看一个实际编程中常常会遇到的处理数据的例子，如何采用函数返回值带来帮助。

```
//从深圳驶向北京的 Z108 列车的时刻表。代表每个站点的对象包括以下
//属性：序号、名称、到站时间、出发时间和停靠时间。
const schedule = [{num: 1, stop: '深圳', arrival: null, departure: {hour: 14,
minute: 48}, dwell: null},
        {num: 2, stop: '惠州', arrival: {hour: 16, minute: 8}, departure: {hour:
16, minute: 14}, dwell: 6},
        {num: 3, stop: '赣州', arrival: {hour: 20, minute: 29}, departure: {hour:
20, minute: 32}, dwell: 3},
        {num: 4, stop: '吉安', arrival: {hour: 22, minute: 23}, departure: {hour:
22, minute: 26}, dwell: 3},
        {num: 5, stop: '南昌', arrival: {hour: 0, minute: 40}, departure: {hour:
1, minute: 3}, dwell: 23},
        {num: 6, stop: '阜阳', arrival: {hour: 5, minute: 58}, departure: {hour:
6, minute: 5}, dwell: 7},
        {num: 7, stop: '菏泽', arrival: {hour: 8, minute: 23}, departure: {hour:
8, minute: 25}, dwell: 2},
        {num: 8, stop: '聊城', arrival: {hour: 9, minute: 32}, departure: {hour:
9, minute: 34}, dwell: 2},
        {num: 9, stop: '衡水', arrival: {hour: 10, minute: 58}, departure: {hour:
11, minute: 0}, dwell: 2},
        {num: 10, stop: '北京西', arrival: {hour: 13, minute: 17}, departure: null,
dwell: null}];
```

```
//设想我们需要从时刻表提取列车经停站点的名称。当然我们可以向 map
//函数传递一个临时创建的函数，它返回参数对象的 stop 属性值。
f.log(f.map((item) => item.stop, schedule));
//=> ["深圳", "惠州", "赣州", "吉安", "南昌", "阜阳", "菏泽", "聊城", "衡水", "北
京西"]
```

```
//但是这样做时，假如我们要提取另一个属性，或者对象的属性名称发生
//变化，或者代码要处理其他数据，就必须每次都写一个新的读取
//属性值的函数。一个更抽象的方案是，编写一个读取属性的通用函数，
//它的参数是要读取的属性名称，返回的不是属性值，而是一个函数，该函数
//的参数是要读取其属性值的对象，返回的才是最终需要的属性值。
function getAttr(attr) {
    return function (obj) {
        return obj[attr];
    }
}

//有了 getAttr 函数，当我们需要读取某个特定属性值的函数时，只需
//调用 getAttr 函数获取其返回值。
const getStop = getAttr('stop');

f.log(f.map(getStop, schedule));
//=> ["深圳", "惠州", "赣州", "吉安", "南昌", "阜阳", "菏泽", "聊城", "衡水", "北
京西"]
```

在以上几个例子中，一个函数根据参数值返回不同的函数，相当于函数的工厂。我们可以从不同角度来认识这种编程模式的好处。与手工逐个编写返回的那些函数相比，使用函数返回值的代码无疑更简洁、易维护。与将返回函数的逻辑并入其外套函数相比（如用 isA 返回真假值来判断参数值的类型），使用返回的函数除了调用起来更方便，还能使代码的含义更清晰，各个返回函数的名称发挥了文档的作用。而且在需要传递函数参数的情况下，就只能使用返回函数，而不能直接用外套函数（例如在上面提取对象属性的例子中，就不能直接给 map 传递并入返回函数逻辑的 getAttr 函数）。一般而言，函数能作为返回值的好处是它极大地拓展了函数功能的可能性，提高了函数应用的灵活性。

『 4.3　高阶函数 』

4.1 节和 4.2 节中的函数有一个专门的名称——高阶函数。一个函数，如果接受其他函数作为参数或者返回值是函数，就称为高阶函数（Higher-order function）。前面两节的函数都属于高阶函数，但它们分别只具备一个特征。但同时具备两个特征，即一个函数接受函数参数，又返回函数，当然也是高阶函数，本节就专注于这样的函数。下面以几个实际场景来展现高阶函数的编写和应用。

4.3.1 组合谓词函数

假设我们要从 4.2 节中的列车时刻表找出起点站和终点站。根据站点的 arrival 和 departure 属性值是否为 null，可以写出判断站点是否为起点站或终点站的谓词函数。再将该函数传递给 filter 函数，就能得出结果。

```
function isOriginOrTerminal(stop) {
    return stop.arrival === null || stop.departure === null;
}


f.log(f.filter(isOriginOrTerminal, schedule));
//=>  [{num: 1, stop: '深圳', arrival: null, departure: {hour: 14, minute:
48}, dwell: null},
//=> {num: 10, stop: '北京西', arrival: {hour: 13, minute: 17}, departure: null,
dwell: null}]
```

假如需求变为找出经停站点（起点站和终点站之外的站点），最简单的思路是写一个判断站点是否为经停站点的谓词函数，也就是将 isOriginOrTerminal 函数的返回值改为其否定值（Negation）。另一种思路是写一个通用的高阶函数 complement，它接受一个谓词函数作为参数，返回一个新的谓词函数。对于任何参数，新的谓词函数总是得出原有谓词函数返回值的否定值，或者称为补值（complement）。利用该高阶函数，我们就不需要再编写判断站点是否为经停站点的谓词函数：

```
export function complement(pred) {
    return function (...args) {
        return !pred(...args);
    }
}


f.log(f.filter(f.complement(isOriginOrTerminal), schedule));
//=> [{num: 2, stop: '惠州', arrival: {hour: 16, minute: 8}, departure:{hour:
16, minute: 14}, dwell: 6},
//=> {num: 3, stop: '赣州', arrival: {hour: 20, minute: 29}, departure:{hour:
20, minute: 32}, dwell: 3},
//=> {num: 4, stop: '吉安', arrival: {hour: 22, minute: 23}, departure:{hour:
22, minute: 26}, dwell: 3},
//=> {num: 5, stop: '南昌', arrival: {hour: 0, minute: 40}, departure:{hour:
1, minute: 3}, dwell: 23},
```

```
    //=> {num: 6, stop: '阜阳', arrival: {hour: 5, minute: 58}, departure: {hour:
6, minute: 5}, dwell: 7},
    //=> {num: 7, stop: '菏泽', arrival: {hour: 8, minute: 23}, departure: {hour:
8, minute: 25}, dwell: 2},
    //=> {num: 8, stop: '聊城', arrival: {hour: 9, minute: 32}, departure: {hour:
9, minute: 34}, dwell: 2},
    //=> {num: 9, stop: '衡水', arrival: {hour: 10, minute: 58}, departure:{hour:
11, minute: 0}, dwell: 2}]
```

　　同理，我们还能写出高阶函数 both 和 either，它们接受两个谓词函数作参数，返回一个新的谓词函数。对于任何参数，新的谓词函数总是分别得出原有两个函数返回值的与值和或值。

```
export function both(pred1, pred2) {
    return function (...args) {
        return pred1(...args) && pred2(...args);
    }
}


export function either(pred1, pred2) {
    return function (...args) {
        return pred1(...args) || pred2(...args);
    }
}
```

　　有了这类函数，我们可以把 isOriginOrTerminal 拆分成含义和逻辑更简单的两个函数，isOrigin 用来判断某个站点是否是起点，isTerminal 用来判断某个站点是否为终点。一系列更复杂的谓词函数都能以这些"原子"函数为原料，利用上面的高阶函数组合出来。

```
function isOrigin(stop) {
    return stop.arrival === null;
}

function isTerminal(stop) {
    return stop.departure === null;
}

const isOriginOrTerminal2 = f.either(isOrigin, isTerminal);
```

```
f.log(f.filter(isOriginOrTerminal2, schedule));
//=> [{num: 1, stop: '深圳', arrival: null, departure: {hour: 14, minute: 48},
dwell: null},
//=> {num: 10, stop: '北京西', arrival: {hour: 13, minute: 17}, departure: null,
dwell: null}]
```

在这个例子中，人工编写判断是否为起点站或终点站、是否为经停站点的谓词函数并不困难，使用高阶函数来组合生成新的函数，或许只是显得新颖，好处不大。但对于代码复杂的谓词函数，编写对应相关逻辑值的谓词函数，就意味着要么复制大段代码，要么每次都编写类似高阶函数的包装函数。采用上述关于逻辑的高阶函数，则无论一个谓词函数代码复杂甚至未知，都能立即计算出所需的谓词函数。另一项衍生出的益处是，习惯于运用这些高阶函数会促使程序员编写尽量简单的谓词函数，再通过计算得出对应更复杂逻辑值的函数，这样不仅原始的谓词函数任务更单一、代码更简洁，计算出的函数还可以逐步赋值给名称清晰的常量，使得代码层次清楚、含义一目了然。

4.3.2 改变函数参数数目

JavaScript 数组对象的迭代方法有一个函数参数，在调用该函数时传递的参数，除了包括必不可少的迭代的当前元素，还有当前索引和数组本身。传递给迭代方法的函数假如定义有超过一个形式参数，而期望的参数值又不是迭代的当前索引和数组，就会产生意想不到的错误。

例如，我们要将一个数组中的字符串转换成整数，下面这两行简单的代码得出的结果却可能出乎意料。

```
const vals = ['1', '2', '10', '21'];
f.log(f.map(parseInt, vals));
//=> [1, NaN, 2, 7]
```

原因是 parseInt 函数比它看上去要复杂，它的功能不仅是将一个字符串转换成整数，而是转换成各种进制的整数。它有两个形式参数，第一个是待转换的字符串，第二个是整数所用的进制，需要为 2 到 36 的整数。当第二个参数未被提供或为 0 时，函数根据字符串的形式来选用进制，以 "0x" 起始的字符串用十六进制，以 "0" 起始的字符串用八进制或十进制，其他情况则用十进制。字符串无法转换时，返回结果 NaN。第二个参数为无效的 1 时，返回结果 NaN。因此调用 parseInt 函数时最好提供两个参数，如能确保默认的进制正确，也可省略第二个参数。偏偏在上面的代码中，map 函数传递给 parseInt 共 3 个参数：第一个是数组的当前元素，被转换没问题；第二个是当前索引，却被当成整数所用的进制；第三个是数组本身，被忽略。所以最终得出错误的结果。

　　解决办法是创建 parseInt 函数的简化版本，它只接收一个参数，使用默认的进制将其转换成整数。为此我们可以定义一个通用的高阶函数，它将作为参数接收的任意多元的函数包装成一元（Unary）函数。

```
export function unary(fn) {
    return function (arg) {
        return fn(arg);
    }
}



f.log(f.map(f.unary(parseInt), vals));
//=> [1, 2, 10, 21]
```

　　类似这样改变函数参数数目（或称为元数 Arity）的模式还有其他用途。比如我们要将一个嵌套数组"压扁"，即将一个数组中的数组的元素抽取出来，合并成一个数组。

```
const nested = [[1, 2], [3, 4, 5], [6]];
//利用该数组的 reduce 方法压扁它，使用 Array.prototype.concat
//方法合并两个数组，为此须先绑定它的 this 对象。
f.log(nested.reduce(Array.prototype.concat.bind([]), []));
//=> [1, 2, 0, Array(2), Array(3), Array(1), 3, 4, 5, 1,
//=> Array(2), Array(3), Array(1), 6, 2, Array(2), Array(3), Array(1)]
```

　　没有得到期望的结果，原因与上面类似。Array.prototype.concat 方法能接收任意多个数组，将它们合并起来。数组的 reduce 方法除了将其元素两两传递给 concat 函数，还会传递当前索引和数组本身，这就解释了最后的结果。

　　我们可以将 concat 包装成一个二元函数，这要利用到另一个通用的高阶函数：

```
function binary(fn) {
    return function (a, b) {
        return fn(a, b);
    }
}


f.log(nested.reduce(binary(Array.prototype.concat.bind([])), []));
//=> [1, 2, 3, 4, 5, 6]
```

　　可以想到，还会有需要三元或者更多元函数的场景（虽然会少很多）。不妨定义一个更高阶的函数，它接受一个元数参数，返回一个将任何函数包装成指定元数函数的函数。

```
function nAry(arity) {
    return function (fn) {
        return function (...args) {
            let accepted = f.take(arity, args);
            return fn(...accepted);
        }
    }
}
```

于是 binary 就可以仅仅调用该高阶函数的一个返回值。

```
const binary2 = nAry(2);
```

```
f.log(nested.reduce(binary2(Array.prototype.concat.bind([])), []));
//=> [1, 2, 3, 4, 5, 6]
```

像 unary、binary 这样的高阶函数，接收一个函数作为参数，再返回一个调整和改变了该函数行为的新函数，可以归纳为函数式编程中的装饰器（Decorator）模式。因为它可以在不修改原函数代码的条件下，调整或增强该函数的功能。或者换一个角度来看，它相当于面向对象编程中的包装器（Wrapper），在创建新函数时有效地利用了已有代码。与过程式编程中新函数也会调用已有函数不同，装饰器是将某一类函数调用者和被调用者之间的共同模式抽象出来，从而不仅定义一个新函数，而且能随参数函数生成任意多个函数。下面两节继续用实例展现装饰器模式在不同场合的威力。

4.3.3　检查参数类型

在 2.7.3 节中，我们利用 checkArgs 函数检查参数类型。那种做法需要在每个待检查的函数顶部调用 checkArgs，假如我们不能或不想修改某个既有的函数，就无法对其进行检查。在这种情况下，一种可行的方案是定义一个高阶函数，它接收待检查的函数作为参数，返回的"装饰过的"（Decorated）函数则具备了检查参数类型的功能。这个高阶函数与 checkArgs 函数进行同样的类型检查，但是调用的方式截然相反，前者调用待检查的函数，后者则被待检查的函数调用。

```
export function checkTypes(fname, fn, ...types) {
    return function (...args) {
        if (!Array.isArray(types[0])) {
            types = [types];
        }
        let received = args.map(typeOf);
```

```
            if (!types.some((expected) => arrayEqual(expected, received))) {
                let msg = 'Unexpected argument type(s) for ${fname}: ${received.
join(', ')}';
                error(msg, TypeError);
            }
            return fn(...args);
        };
    }
```

为了便于比较，下面用 checkTypes 函数完成 checkArgs 曾经做的事——定义代表各种算数、比较和字符串连接运算的强类型的函数。

```
//首先将各种操作符包装成函数，这些简单函数仍然是弱类型的。因为函数的代码很简单，
//也可以直接在 checkTypes 函数中以箭头函数表达式的形式定义，这里是表现待检查的
//函数已经定义好的情况。
function _add(augend, addend) {
    return augend + addend;
}

function _div(num1, num2) {
    return num1 / num2;
}

function _mul(num1, num2) {
    return num1 * num2;
}

function _sub(num1, num2) {
    return num1 - num2;
}

function _lt(value, other) {
    return value < other;
}

function _lte(value, other) {
    return value <= other;
}

function _gt(value, other) {
```

```
    return value > other;
}

function _gte(value, other) {
    return value >= other;
}

const lt = f.checkTypes('lt', _lt,
    [f.TYPES.NUMBER, f.TYPES.NUMBER],
    [f.TYPES.STRING, f.TYPES.STRING],
    [f.TYPES.BOOLEAN, f.TYPES.BOOLEAN]);
const lte = f.checkTypes('lte', _lte,
    [f.TYPES.NUMBER, f.TYPES.NUMBER],
    [f.TYPES.STRING, f.TYPES.STRING],
    [f.TYPES.BOOLEAN, f.TYPES.BOOLEAN]);
const gt = f.checkTypes('gt', _gt,
    [f.TYPES.NUMBER, f.TYPES.NUMBER],
    [f.TYPES.STRING, f.TYPES.STRING},
    [f.TYPES.BOOLEAN, f.TYPES.BOOLEAN]);
const gte = f.checkTypes('gte', _gte,
    [f.TYPES.NUMBER, f.TYPES.NUMBER],
    [f.TYPES.STRING, f.TYPES.STRING],
    [f.TYPES.BOOLEAN, f.TYPES.BOOLEAN]);

//数字的加减乘除运算。
const add = f.checkTypes('add', _add, f.TYPES.NUMBER, f.TYPES.NUMBER);
const div = f.checkTypes('div', _div, f.TYPES.NUMBER, f.TYPES.NUMBER);
const mul = f.checkTypes('mul', _mul, f.TYPES.NUMBER, f.TYPES.NUMBER);
const sub = f.checkTypes('sub', _sub, f.TYPES.NUMBER, f.TYPES.NUMBER);

//字符串的连接运算。
const concat = f.checkTypes('concat', _add, f.TYPES.STRING, f.TYPES.STRING);
```

因为从已有的函数生成新函数很简单，使用 checkTypes 能灵活地调整返回函数对参数类型的要求。例如它可以像现在这样让 gt 等比较函数具有多态性，也可以让它们只接收数字类型的参数，把字符串的比较留给新生成的一组函数。反过来，它也可以让计算出的 add 函数具有多态性，同时代表数字的加法和字符串的连接。

```
//字符串的大小比较运算。
const slt = f.checkTypes('slt', _lt, [f.TYPES.STRING, f.TYPES.STRING]);
```

```
const slte = f.checkTypes('slte', _lte, [f.TYPES.STRING, f.TYPES.STRING]);
const sgt = f.checkTypes('sgt', _gt, [f.TYPES.STRING, f.TYPES.STRING]);
const sgte = f.checkTypes('sgte', _gte, [f.TYPES.STRING, f.TYPES.STRING]);

//数字的加法和字符串的连接。
const add2 = f.checkTypes('add', _add,
    [f.TYPES.NUMBER, f.TYPES.NUMBER],
    [f.TYPES.STRING, f.TYPES.STRING]);
```

4.3.4 记忆化

缓存是提高程序性能的重要技术，对于输入输出、高耗资源的计算等需要花费较长时间的功能，将结果保存在能快速访问的载体里，以后遇上同样的调用，就直接读取上次保存的结果，从而大大节省时间。简而言之，就是"以空间换时间"。在函数式编程中，对单个函数使用缓存的技术，称为记忆化（Memoization）。

我们选取用作缓存载体的数据类型是映射，这在 JavaScript 中有两种选择：通用的对象和专用的映射。根据 2.7 节中介绍的优点，映射更适合充当缓存。我们用一组函数来包装映射类型的方法。

```
// Map methods
export const has = f.invoker('has');
export const get=f.invoker('get');
export const set = f.invoker('set');
export const mapKeys = f.invoker('keys');


/*
读取嵌套的映射中对应于一组键的值。参数 keys 可能为单个键或多个键组成的数组。
 */
export function mapGet(keys, map) {
    if (!Array.isArray(keys)) {
        return mapGet([keys], map);
    }

    // 循环算法
    for (let key of keys) {
        map = get(key, map);
    }
    // 若调用函数时没有提供 keys，会返回 map。
```

```
        return map;

        // 递归算法
        {
            if (f.isZeroLength(keys)) {
                return map;
            }
            const key = f.first(keys);
            map = get(key, map);
            return mapGet(f.rest(keys), map);
        }
    }


/*
检查嵌套的映射中是否有对应于一组键的值。
 */
export function mapHas(keys, map) {
    if (!Array.isArray(keys)) {
        return mapHas([keys], map);
    }

    // 递归算法
    {
        if (f.isZeroLength(keys)) {
            return true;
        }
        const key = f.first(keys);
        if (has(key, map)) {
            map = get(key, map);
            return mapHas(f.rest(keys), map);
        } else {
            return false;
        }
    }
}


/*
设置映射对应于一组键的值。若在该组键的路径上已经有值，且该值不是映射，用一个
空的映射替换该值。
```

keys 必须为数组，若只有一个键，也需将其包容在数组中传入。
```
*/
export function mapSet(keys, value, map) {
    const key = f.first(keys);
    if (keys.length === 1) {
        set(key, value, map);
        return;
    }
    if (!has(key, map) || !(get(key, map) instanceof Map)) {
        set(key, new Map(), map);
    }
    mapSet(f.rest(keys), value, get(key, map));
}


//可以用来判断一个数组是否为空。
export function isZeroLength(obj) {
    return obj.length === 0;
}
```

代码中用到的 invoker 函数的功能是将某个对象的方法转换成函数，将在 5.4 节中详细介绍。接下来我们定义 memoize 函数，它可以将任何函数变成一个记忆化的版本。奥妙在于，每当调用它返回的函数时，程序会以参数为键，检查位于该函数闭包中的一个作为缓存的映射。假如在缓存中找到了对应于参数的值，就说明该函数曾经以同样的参数被调用过，无须重复计算，只要返回该值；假如没有找到，就说明该函数是第一次以这样的参数被调用，运行函数，将结果保存至缓存，再返回。注意函数的参数可能不止一个，我们不能将它们组成的数组用作映射的键。因为在比较键值是否相等时，对于属于对象数据类型的数组，判断原则是看两个对象是否是同一个，即使两次调用函数时传递的参数值相同，它们组成的数组也不是同一个。所以这里的缓存是一个嵌套的映射，每个参数对应于嵌套中的一级，读写映射用到的 mapHas、mapSet 和 mapGet 函数可以接受多个键组成的数组，在嵌套的映射中逐级查找、写入和读取。

```
export function memoize(fn) {
    const cache = new Map();
    return function (...args) {
        let val;
        if (!m.mapHas(args, cache)) {
            val = fn(...args);
            m.mapSet(args, val, cache);
        }
```

```
        val = m.mapGet(args, cache);
        return val;
    }
}
```

检验成果的时候到了，为了凸显记忆化的函数的效能，我们需要选用一个耗时很长的函数——计算圆周率小数点后的第 58320493847362194 位数字。

```
function piDigit(){
    //...
}

f.log(piDigit());
//一年过去了
//=>5

f.log(piDigit());
//又一年过去了
//=>5

const mPiDigit=f.memoize(piDigit);
f.log(mPiDigit());
//再一年过去了
//=> 5

f.log(mPiDigit());
//=> 5
```

好吧，这次我们用一个真实的函数。

```
function sum1ToX(x) {
    let ret = 0;
    for (let i = 1; i < x; i++) {
        ret += i;
    }
    return ret;
}

const mem = f.memoize(sum1ToX);
```

//计量一个函数运行所用的时间。Date.now()只能精确到毫秒，采用

```
//console.time 以获得更高的精度, 该方法在 Firefox 文档里虽然
//只能精确到毫秒, 但实际上 Firefox 和 Chrome 都可获得更高精度的时间。
export function tookTime(fn, ...args) {
    let fname = fn.name ? fn.name : 'anonymous';
    let label = format('{0}({1})', fname, joinClose(args));
    console.time(label);
    log(fn(...args));
    console.timeEnd(label);
}

f.tookTime(sum1ToX, 1000001);
//=> 500000500000
//=>  sum1ToX(1000001): 3.10400390625ms

f.tookTime(mem, 1000001);
//=> 500000500000
//=> anonymous(1000001): 1.80517578125ms

f.tookTime(mem, 1000001);
//=> 500000500000
//=> anonymous(1000001): 0.1298828125ms
```

　　一般来说, 记忆化的函数首次运行时的性能与原函数差不多。因为要读写缓存, 用时可能会稍长, 但之后以同样参数运行时, 耗时都会稳定于一个很小的数字。上面的代码在不同的浏览器中运行结果略有差别, 有些版本的浏览器首次运行记忆化的函数所费时间确实稍长于原函数, 而以上的结果是在 Chrome 65 浏览器中测试所得。首次运行记忆化的函数所费时间比原函数还短, 是得益于其 JavaScript 引擎再次运行某一函数时所做的性能优化。

「 4.4　小结 」

　　本章介绍了一等值的 3 个条件, 重点分析了函数作为参数传递和返回值的情况。在我们习惯的典型的过程式编程中, 函数的参数和返回值都是数据。数据是被动接受读写的对象, 函数是作用于数据的算法。函数式编程拓展了函数的能力, "高阶" 函数既能作用于函数, 又能使得函数充当数据的角色。我们说函数的意义在于抽象出可复用的逻辑, 高阶函数就是基于抽象的抽象, 可以将过程式编程中不易发现和无从提取的更高级的重复的逻辑抽象出来。

　　作为一等值的第三个条件，函数可以被赋值给变量（实际操作中通常赋值给常量），也能带来诸多便利。我们已经看到，静态声明不再是创建函数的唯一途径，新函数经常作为高阶函数的返回值通过计算获得，将它们赋值给名称有意义的变量是很方便的做法。另外，赋值还使函数能轻松地获得别名，这让程序员可以容易地修改脚本库的接口，将函数的名称改成习惯的风格或简短的形式。

　　在下一章中，我们将讨论函数式编程的两大特色，通过"部分"用来更灵活地调用和获得函数，通过"复合"来系统地计算新函数。

第 5 章

━━ 部分应用和复合 ━━

一等值的函数是函数式编程的基石，部分应用和复合则是函数式编程的重要特征。采用命令式编程时，每当我们感觉需要抽象出一个新的功能时，就会定义一个函数。在函数式编程中，被同样需要的新函数，往往无须定义，就能像变魔术一样产生，两位魔术师的名字就叫作部分应用和复合。

『 5.1 部分应用 』

和其他编程语言的开发者一样，JavaScript 的程序员也一直享受和习惯着默认参数带来的便利。默认参数使得程序员在调用函数时可以省去传递可选参数，当函数发现未接收到某个可选参数时，就用该参数的默认值代替。默认参数可以看作将参数数量不同的多个重载函数合并成一个的便捷机制。例如下面这个获取数字序列的函数。

```
export function rangeRoutine(end, start = 0, step = 1) {
    let list = [];
    if (end === undefined) {
        return list;
    }
    let elem = start, dir = gt(start, end);
    //返回的列表不包含 end。
    while (gte(elem, end) === dir) {
        list.push(elem);
        elem = add(elem, step);
    }
    return list;
}


f.log(f.rangeRoutine(10, 0, 1));
//=> [0, 1, 2, 3, 4, 5, 6, 7, 8, 9]
```

```
f.log(f.rangeRoutine(10));
//=> [0, 1, 2, 3, 4, 5, 6, 7, 8, 9]
```

对于那些没有定义默认参数的函数，能不能也享有这样的便利——调用时只传递部分参数，对于未接收到的参数，函数使用特定的值。问题是这些值如何确定呢？答案是在上一次调用函数时。也就是说，函数的调用分成两个阶段，第一次调用时提供部分参数，返回的是一个记住这些参数值的函数，第二次调用时提供剩余的参数，返回的是原函数应用于所有参数的结果。函数的这种调用方式称为部分应用（Partial application）。对于上面的rangeRoutine，我们可以把部分应用理解为调用如下的高阶函数。

```
//将 rangeRoutine 改为一个没有定义默认参数的函数。
function rangeRoutine2(step, start, end) {
    let list = [];
    if (end === undefined) {
        return list;
    }
    let elem = start, dir = f.gt(start, end);
    //返回的列表不包含 end。
    while (f.gte(elem, end) === dir) {
        list.push(elem);
        elem = f.add(elem, step);
    }
    return list;
}


//由 rangeRoutine2 改写成的高阶函数，接收了前两个参数后返回的是
//一个期待第三个参数的函数。
function rangeRoutine3(step, start) {
    return function (end) {
        let list = [];
        if (end === undefined) {
            return list;
        }
        let elem = start, dir = f.gt(start, end);
        //返回的列表不包含 end。
        while (f.gte(elem, end) === dir) {
            list.push(elem);
            elem = f.add(elem, step);
```

```
        }
        return list;
    }
}

const range = rangeRoutine3(1, 0);
f.log(range(10));
//=> [0, 1, 2, 3, 4, 5, 6, 7, 8, 9]
```

　　部分应用不仅和默认参数一样能方便函数的调用，还有一个后者没有的优点。那就是采用默认参数时，对于未传递的参数，函数使用的是固定值；而采用部分应用时，函数使用的是预先传递的参数值，相当于可以随时调整默认参数的值，这就使得部分应用的函数能更灵活地满足实际需求。比如对上面的 rangeRoutine3 函数，我们可以部分应用不同的参数，得到另一种行为的获取数字序列的函数。

```
const rangeFrom5 = rangeRoutine3(1, 5);
f.log(rangeFrom5(10));
//=> [5, 6, 7, 8, 9]
```

　　当然，部分应用不是通过将每个函数都像上面那样改造成高阶函数来实现的。它是调用函数的一种方式，在支持它的语言中能自动进行，即使编程语言不支持，也能够手工编写一个高阶函数来实现。ECMAScript 5.1 新增的 Function.prototype.bind 方法就可以用来部分应用函数，这里我们为了简便，就不从头编写，仅将 Function.prototype.bind 方法包装成更好用的函数形式。

```
export function partial(fn, ...args) {
    return fn.bind(undefined, ...args);
}
```

　　partial 函数可以让某个函数对前面任意多个参数进行部分应用，比如下面的代码计算出的 rangeStep2 函数就是只对 rangeRoutine2 函数的第一个参数部分应用的结果。

```
const rangeStep2 = f.partial(rangeRoutine2, 2);
f.log(rangeStep2(0, 10));
//=> [0, 2, 4, 6, 8]
```

　　通过部分应用，能够从一个函数生成许多参数更少、行为更具体的较小的函数。参数更少，让这些小函数调用起来更方便。行为更具体，反映到函数的名称上，就可以更精确地说明代码的含义，让代码没有注释也易于理解。

『 5.2 柯里化 』

我们已经体会到部分应用一个函数的好处,那么对部分应用得到的函数,假如有再次部分应用的必要,自然没有理由不能这样做。还是以 rangeRoutine2 函数为例。对 rangeRoutine2 函数的 step 参数进行部分应用,得到一个产生间隔为 1 的序列的函数 range,这个新函数能满足绝大多数情况的需要,使用起来又比原函数方便,就像调用 rangeRoutine 函数时省略 step 参数一样。接下来,大部分场景中序列的起点为 0,为此可以对 range 函数的 start 参数进行部分应用,得到一个调用时只需提供一个参数的 rangeFrom0 函数,就像调用 rangeRoutine 函数时省略 start 参数一样。更为灵活的是,对于需要序列的起点为其他数字的场景,可以对 range 函数的 start 参数用该数字进行部分应用,比如 rangeFrom1 函数返回的就是以 1 为起点的序列。

```
const range = f.partial(rangeRoutine2, 1);

const rangeFrom0 = f.partial(range, 0);

const rangeFrom1 = f.partial(range, 1);

f.log(rangeFrom0(10));
//=> [0, 1, 2, 3, 4, 5, 6, 7, 8, 9]

f.log(rangeFrom1(10));
//=> [1, 2, 3, 4, 5, 6, 7, 8, 9]
```

于是,运用想象力,我们可以设计出一种自动化的过程:将一个多参数函数变成一个单参数函数链,其中每个函数依次接收原函数的一个参数,返回链中的下一个函数,直到接收最后一个参数的函数返回原函数应用于这些参数得到的值。可以用函数类型的记法来直观地表示:

```
//一个二元函数,参数类型分别为 a 和 b,返回值类型为 c。
(a, b) -> c
//柯里化得到的函数链。
a -> ( b -> c)
//考虑到->操作符是右结合的,以上记法可简化为:
a -> b -> c

//一个三元函数。
```

```
(a, b, c) -> d
//柯里化得到的函数链。
a -> b -> c -> d
```

　　这种对函数做的转换最初是由数学家 Gottlob Frege 提出的，后来经过同行 Moses Schönfinkel 和 Haskell Brooks Curry 的发展，并以后者的名字命名为柯里化（Currying）[①]，成为在数学和计算机科学中都很有用的技巧。总的说来，柯里化的意义在于将对多参数函数的处理简化为对单参数函数的处理。在函数式编程中，它可以发挥类似部分应用的作用，但是两者在行为上有差异：部分应用返回的是一个普通的函数，需要再调用一次才会返回原函数的结果，即使在部分应用时已传入全部参数，依然会得到一个无参数的函数。柯里化得到的是一个函数链，每调用一次获得链中的下一个函数，当调用链的最后一个函数，也就是传递完所有的参数时，会立即返回原函数的结果。下文陆续介绍的许多运用和好处对于部分应用和柯里化来说是相同的，为了简便，有时就只称柯里化。

　　有些函数式编程语言中的函数是自动柯里化的，如 ML 和 Haskell（又是以上面那位数学家命名的，此外还有两门编程语言也是如此，即 Brooks 和 Curry）。JavaScript 不具备这项功能，只能由我们编写函数来实现。针对特定元数函数的柯里化函数很容易写，如将二元函数柯里化的 curry2。

```
function curry2(fn) {
    return function (a) {
        return function (b) {
            return fn(a, b);
        }
    }
}
```

　　有兴趣的读者可以把 curry3 当作练习。有难度的是编写针对任意元数函数的柯里化。因为后续还会遇到柯里化函数的其他版本，下面这个对应经典柯里化概念的函数被命名为 curryClassic。curryClassic 是个高阶函数，它不仅要基于函数参数返回一个新函数，还要使新函数返回一个更新的函数，使更新的函数继续如此……棘手的是，这一系列函数既有行为上的共性，又有差异，那就是每个函数都要记住迄今为止调用函数传递的参数。下面代码中的注释解释了实现该函数时遇到的问题和所用的解决方案。

```
/**
 * @param fn 要柯里化的函数。
```

[①] 英文的 Curry（咖喱）就是音译词柯里化的来源，所以作者认为把柯里化这个拗口的术语译成咖喱能吸引更多吃货来学习函数式编程。

```
 * @param arity 函数的元数。对于定义的参数数目固定的函数，可以
 * 通过 length 属性获得，无需传递。对于定义的参数数目不固定的（使用
 * 了可选、默认参数或剩余参数）或者通过计算得出的函数，length 属性
 * 值不准确，需要传递。
 */
export function curryClassic(fn, arity = fn.length) {
    function _curry(savedArgs) {
        //柯里化一个函数所返回的函数，如果直接使用某个内嵌函数，
        //该函数借以记忆参数的闭包只有一个，每次调用函数都会修改记忆的参数。
        //要使得每次返回的函数都使用唯一的闭包，就必须返回一个新创建的函数，
        //它记忆的参数通过包容它的函数的参数来传递。
        return function (arg) {
            let curArgs = append(arg, savedArgs);
            if (gte(curArgs.length, arity)) {
                return fn(...curArgs);
            } else {
                return _curry(curArgs);
            }
        }
    }

    return _curry([]);
}
```

我们来看看柯里化在各种场合带给编程的便捷。

```
//读对象属性。
export function get(name, object) {
    return object[name];
}
```

```
//柯里化 get 函数以获取返回对象特定属性的函数。
const get = f.curryClassic(f.get);
const name = get('name');
const length = get('length');

f.log(name({name: 'Jack', age: 13}));
//=> Jack
```

```
f.log(length([1, 2]));
//=> 2
```

```
//柯里化 add 函数以获取类似于++和--操作符的函数。
const add = f.curryClassic(f.add);
const inc = add(1);
const dec = add(-1);
```

```
f.log(inc(0));
//=> 1
```

```
f.log(dec(3));
//=> 2
```

```
//柯里化 nAry 函数以获取改变参数数目到特定值的函数。
function nAry(arity, fn) {
    return function (...args) {
        let accepted = take(arity, args);
        return fn(...accepted);
    }
}
```

```
const binary = f.curryClassic(nAry)(2);
```

回想在 4.3.2 节中，为了达到类似的效果，nAry 函数被写成如下形式。

```
function nAry(arity) {
    return function (fn) {
        return function (...args) {
            let accepted = f.take(arity, args);
            return fn(...accepted);
        }
    }
}
```

这相当于在编写具体函数时实现柯里化的效果。

5.2.1　增强的柯里化

在 JavaScript 中使用经典的柯里化的函数有一点不便：当传递给一个函数的参数超过

一项，以返回接收剩余参数的函数时，需要调用函数的次数等于传递的参数的数量，因为柯里化的函数一次只能接收一个参数，也就是说在函数名后面会跟着超过一对括号。

```
//读对象属性，若该属性不存在，返回给定的默认值。
export function getOr(defaultVal, name, object) {
    let val = object[name];
    return val === undefined ? defaultVal : val;
}



const nameOr = f.curryClassic(f.getOr)('Tom')('name');


f.log(nameOr({age: 21}));
//=> Tom
```

为了方便调用，也为了使代码的外观更符合传统，最好将对柯里化的函数的多次调用合并为一次，换言之，把函数后面跟着的多对括号合并为一个，将其中的参数集中在一起，形式上就像部分应用那样。要实现这样增强的柯里化并不难，只要对 curryClassic 函数稍加调整。

```
export function curryExt(fn, arity = fn.length) {
    function _curry(savedArgs) {
        //柯里化一个函数所返回的函数，将原来的单参数函数改成参数数目不定的函数。
        return function (...args) {
            let curArgs = concat(savedArgs, args);
            if (gte(curArgs.length, arity)) {
                return fn(...curArgs);
            } else {
                return _curry(curArgs);
            }
        }
    }

    return _curry([]);
}


/*
concat 函数的两个参数必须属于同样的类型，或者都是数组，或者都是字符串。
JavaScript 的数组和字符串都有 concat 方法，前者的参数可以是数组或标量，
后者的参数若不是字符串类型，会被转换成字符串。这两种行为都不可取。
```

```
    */
export function concat(v1, v2) {
    checkArgs('concat', arguments,
        [TYPES.ARRAY, TYPES.ARRAY], [TYPES.STRING, TYPES.STRING]);
    if (isArray(v1)) {
        return v1.concat(v2);
    } else {
        return v1 + v2;
    }
}
```
现在调用柯里化的函数看上去就像调用一个普通函数一样。
```
const nameOr2 = f.curryExt(f.getOr)('Tom', 'name');


f.log(nameOr2({age: 21}));
//=> Tom
```

5.2.2　从右向左柯里化

　　到目前为止的部分应用和柯里化向一个函数传递参数的顺序都是和该函数形式参数的顺序一致的，即从左到右。有时候会遇到这种情况，对某个函数右边的参数进行部分应用或柯里化才能得到所需的函数，解决方法是让我们的部分应用和柯里化函数对当前处理的函数从右向左传递参数。为了简便，这里我们只定义从右向左增强的柯里化的函数，实现从右向左部分应用的 partialRight 函数与之相似，留给读者作为练习。

```
    /*
    从右向左的增强的柯里化函数。注意一次提供多个参数时，在代码中列出它们的顺序还是从左向右的。
    */
export function curryRight(fn, arity = fn.length) {
    function _curry(savedArgs) {
        return function (...args) {
            //从右至左柯里化时，防止最后调用柯里化的函数提供的参数过多覆盖掉之前记住的参数。
            let usedArgs = limit(args, sub(arity, savedArgs.length));

            let curArgs = concat(usedArgs, savedArgs);

            if (gte(curArgs.length, arity)) {
                return fn(...curArgs);
            } else {
                return _curry(curArgs);
```

```
                }

            function limit(arr, length) {
                if (lte(arr.length, length)) {
                    return arr;
                } else {
                    return take(length, arr);
                }
            }
            }
        }

        return _curry([]);
    }
```

在 4.3.2 节中,为了方便对 parseInt 函数的调用并且让它能作为参数传递,用 unary 函数将其改造为一元函数。有了柯里化的能力,我们不仅可以实现之前的目标,还能够满足其他进制的要求。

```
const parseIntCurried = f.curryRight(parseInt);
const parseDecimal = parseIntCurried(10);
const parseBinary = parseIntCurried(2);
const parseHex = parseIntCurried(16);

f.log(parseDecimal('10'), parseBinary('10'), parseHex('10'));
//=> 10 2 16
```

5.2.3 进一步增强的柯里化

经典的柯里化已经被增强到能够从右向左和一次传递多个参数,在实际应用中还有什么它不能适应的场景吗?有的。有时候我们会希望某个函数位于前后的参数都被部分应用,得到一个以原函数的位于中间的参数为参数的函数。此时,无论是从左向右柯里化还是从右向左柯里化都无法满足需求,除非能在填充参数时使用"占位符",这种占位符使得在调用柯里化的函数时能够越过返回函数的参数,继续提供普通的参数值。于是我们有了下面这个最强版本的柯里化函数。

```
export const _ = {placeholder: true};

export function curry(fn, arity = fn.length) {
```

```
/*
@param {Array} savedArgs 返回的柯里化函数所记住的包含原函数当前参数值的数组,简称
为参数数组。
@param {Number} nextIndex 返回的柯里化函数向 savedArgs 继续填充参数的起始位置。
@param {Boolean} jumped 在本轮向 savedArgs 数组填充参数的过程中,是否使用了占位符。
@return {Function} 记住原函数当前参数值的柯里化函数。
第一轮填充参数时,按照原函数参数的先后顺序进行。等到填充完所有参数后,假如使用过占位符,
就需要继续填充。这以后的每轮填充,都是按照当前参数中占位符的先后顺序进行,也就是说在
savedArgs 数组中被填充的位置,一般情况下是不连续的。为了使首轮填充和以后每轮填充时
查找下一个位置的逻辑统一,从而使代码更简明,这里采取的技巧是将一开始的参数数组就用占位符
填满,这样首轮填充参数时,查找下一个位置的逻辑也变成查找数组中的下一个占位符。
*/
function _curry(savedArgs, nextIndex, jumped) {
    return function (...args) {
        /*
        注意不能直接修改闭包中记住的外套函数的参数。在函数中修改参数会导致副作用,
        本身就该避免。在这里,闭包中 _curry 的参数是返回的柯里化函数的内部数据,一旦
        修改会导致调用柯里化函数以生成参数更新的柯里化函数或应用原函数时,旧柯里化函
        数的行为被干扰。
        function tripleArgs(a, b, c) {
            return [a, b, c];
        }
        const fn=f.curryN(tripleArgs,3);
        fn(1, 2, 3);
        //=> [1, 2, 3]
        fn(1, 2)(3);
        //再次调用 fn 时,其闭包中外套函数的 savedArgs 参数已经是[1, 2, 3]了。
        */
        let _savedArgs = [...savedArgs],
            _nextIndex = nextIndex,
            _jumped = jumped;

        for (let arg of args) {
            _savedArgs[_nextIndex] = arg;
            _nextIndex = _savedArgs.indexOf(_, _nextIndex + 1);
            _nextIndex = _nextIndex === -1 ? arity : _nextIndex;
            _jumped = arg === _ ? true : _jumped;
```

```
            if (_nextIndex === arity) {
                if (_jumped) {
                    _nextIndex = _savedArgs.indexOf(_);
                    _jumped = false;
                } else {
                    return fn(..._savedArgs);
                }
            }
        }
        return _curry(_savedArgs, _nextIndex, _jumped);
    }
}

return _curry(Array(arity).fill(_), 0, false);
}
```

我们来看一个假想中的应用柯里化函数的例子。

```
function greet(salutation, title, name) {
    return '${salutation}, ${title} ${name}';
}

const addressNewton = f.curry(greet)('Hello', f._, 'Newton');

//1705 年英女王授予牛顿骑士爵位之前，他的同事向他打招呼。
f.log(addressNewton('Mr.'));
//=> Hello, Mr. Newton

//牛顿被授予骑士爵位之后，他的同事向他打招呼。
f.log(addressNewton('Sir'));
//=> Hello, Sir Newton
```

有了这个最强版本的柯里化函数，一个函数无论要部分应用的参数处于什么位置，返回的函数要有几个参数，都能通过一次调用完成，而且得到的函数还是柯里化的。我们不再需要根据不同的场景选用 partial、partialRight、curry 或 curryRight 函数，只用一个函数就够了，不仅方便了使用者，也为脚本库提供预先柯里化的函数做好了准备。

5.2.4 柯里化的性能成本

凭借部分应用和柯里化，一个多元函数能够依据实际场景和需求演变成许多更特定的函数。这同时意味着，很多函数不再需要专门编写代码实现，而仅需调用一个部分应用或柯里化的函数就能计算得出，使用后者尤其方便。唯一的问题是，JavaScript 没有提供内置的柯里化能力，柯里化函数是通过自定义函数实现的。从进一步 5.2.1 节可以看到，柯里化函数的代码并不简单，柯里化的函数运行起来也比原函数要慢。我们来看看实际的数据。

```javascript
let suite = new Benchmark.Suite;
let list = Array(1000);
list.fill(1);
const first_1 = f.curry(f.get)(0);
const first_2 = _.curry(f.get)(0);
const first_3 = R.curry(f.get)(0);

function first_4(list) {
    return list[0];
}

//添加要测试的函数。
suite.add('My curry', function () {
    first_1(list);
})
    .add('Lodash curry', function () {
        first_2(list);
    })
    .add('Ramda curry', function () {
        first_3(list);
    })
    .add('Get', function () {
        f.first(list);
    })
    .add('Operator', function () {
        first_4(list);
    })
    //添加事件处理器，在测试过程中和结束后打印出结果。
    .on('cycle', function (event) {
        console.log(String(event.target));
    })
    .on('complete', function () {
        console.log('Fastest is ' + this.filter('fastest').map('name'));
    })
```

```
//运行。
.run({'async': true});
```

上面的代码用一个性能测试的脚本库 Benchmark 来比较一个简单的读取数组第一个元素的函数的不同版本的性能。前 3 个版本都是通过调用柯里化的 get 函数获得的，分别使用的是本书中的 curry 和 Lodash、Ramda 两个流行的脚本库中的柯里化函数。第 4 个版本是直接调用 get 函数。

```
export function first(indexed) {
    return get(0, indexed);
}
```

第 5 个版本最简单，使用属性存取符。在 Chrome 浏览器中测试的结果如下。

```
My curry x 12,139,296 ops/sec ±2.95% (54 runs sampled)
Lodash curry x 10,702,318 ops/sec ±4.95% (52 runs sampled)
Ramda curry x 15,609,317 ops/sec ±2.92% (55 runs sampled)
Get x 783,070,120 ops/sec ±0.41% (56 runs sampled)
Operator x 785,522,031 ops/sec ±0.36% (56 runs sampled)
Fastest is Operator,Get
```

几个柯里化函数的性能相差不多，但都比直接调用原函数差了一个数量级。在其他一些用例测试中，这些柯里化函数本身的性能差距就变得很明显。比如柯里化一个四元函数，使用占位符将其变成只保留第三个参数的一元函数。Ramda 的柯里化函数比作者使用的版本快将近两倍，是 Lodash 版本速度的 20 多倍。

```
My curry x 3,951,656 ops/sec ±4.86% (28 runs sampled)
Lodash curry x 437,839 ops/sec ±4.69% (26 runs sampled)
Ramda curry x 11,784,362 ops/sec ±0.65% (25 runs sampled)
Fastest is Ramda curry
```

当然，性能不是我们追求的唯一目标，不能因噎废食放弃柯里化（又忍不住写成因噎废食放弃"咖喱"），而是要在性能和便捷之间取得平衡。对于通用的、被频繁调用的或性能上要求高的函数，宜专门编写代码实现；对于特定于用户需求的、偶尔被调用的或对性能要求不高的函数，使用柯里化可以收获更简洁和可维护的代码。

5.2.5 应用柯里化的方式

我们已经看到柯里化的，特别是增强的柯里化的函数，给编程带来的益处。那么该怎样柯里化函数呢？从函数使用者的角度来说，最方便的自然是每个函数已经是柯里化的。

一个脚本库或框架，如果有意为用户提供柯里化的便利，抑或本身就是为了在 JavaScript 中推广和采用函数式编程，就会采用这种方案——脚本库的所有函数都是柯里化的。如果这样做，每个函数在定义好或通过计算得到后，还要经过柯里化函数的处理，性能上会有损失。为了尽量减少损失，脚本库的作者会为固定元数的函数单独定义更简单速度也更快的柯里化函数，如针对二元函数的 curry2，针对三元函数的 curry3。另外一点实现上的麻烦来自函数的相互调用。如果两个相互调用的函数都是用 function 语句声明的，或至少有一个是声明的，那么无论它们在脚本中的先后关系如何，都没有问题。但假如两个相互调用的函数都是通过计算得到的，脚本执行到先出现的那一个时，后一个的名称尚未声明，因此会抛出错误。让脚本库的所有函数经过柯里化函数的处理，一种方案是在函数定义时进行，这样就必须保证出现在前面的函数的代码不会调用后来的函数，因此函数的排列既不能按照字母顺序，也不能根据功能分类，而完全要依照函数间的依赖关系，假如有函数相互调用，则无法继续；另一种方案是在函数定义之外的其他地方集中进行柯里化。

本书没有创建一个实用的脚本库的雄心，所以在柯里化函数的方式上省去了以上工夫，仅仅在临需要时调用柯里化函数，这在代码风格上又有两种选择。可以直接使用柯里化函数，也可以扩展 Function.prototype 对象，让柯里化变成所有函数的一个方法。后者这种扩展或修改既有程序的方式称作猴补丁（Monkey patch），因为种种弊端通常被认为是不可取的，与此处相关的缺点有两个：一是不同开发者之间的代码冲突，设想一下其他程序员也为 Function.prototype 对象增加了行为不同的柯里化方法；二是既有程序升级导致的冲突，假如在将来的 JavaScript 版本中新增了原生的 Function.prototype.curry 方法，即使本地扩展的方法能覆盖掉它（还有可能原生的方法是只读的，不能覆盖）。只要两者的行为不同，柯里化函数的使用者都有可能困惑于它为什么表现得和标准不一样。

因此本书采用的是直接调用柯里化函数。这与脚本库提供已经柯里化的函数相比，在用户体验上当然稍逊一筹，在性能上各有优劣：脚本库在使用前需要将所有的函数柯里化一遍，对于那些在当前程序中没有用到的函数，这部分工作是白做了。临时柯里化的缺点是，对于同一个函数的多次使用，需要多次调用柯里化函数。一个解决办法是将柯里化的函数赋值给一个常量，以后调用时就可以直接使用该常量。这个办法仍然有缺点，首先是常量只能在它的作用域内被使用，其次是临时调用显然比提前定义一个常量方便得多，更何况程序员不可能也不应该记得这是第几次调用某个函数。所以本书让程序来记忆。4.3.4 节介绍的 memoize 正可以让柯里化函数具备缓存的功能。

```
export const mcurry = memoize(curry);
```

这以后临时使用 mcurry 函数就不会导致重复调用柯里化函数的性能损失。

```
const name = mcurry(get)('name');
```

```
export const length = mcurry(get)('length');
```

5.2.6　参数的顺序

　　敏锐的读者或许已经注意到，5.1 节中的 `rangeRoutine2` 函数与 `rangeRoutine` 函数相比，除了不使用默认参数，还有一个细微的区别，就是参数的顺序正好相反。这也是函数式编程和命令式编程在代码风格上的一个差异。我们习惯的函数参数的顺序，是从必选到可选，越是靠前的参数越是函数主要应用的数据，越重要，越不可省略，调用函数时变化得越频繁；越是靠后的参数越是辅助性的用于调节函数行为的配置，越次要，越可以省略，调用函数时变化得越少，因此越适合采用默认值。

　　以 `rangeRoutine` 函数为例，计算数字序列时，最重要和不可少的数据是序列的终点；其次是序列的起点，因为以 0 为起点的序列是编程中遇到最多的和用处最大的，所以可以把 0 作为起点的默认值；再次是序列两个相邻数字之间的间隔，在绝大多数情况下，采用默认值 1 都能满足需要。所以终点、起点和间隔 3 个参数，重要性依次下降，变化依次减少，适合采用默认值的情况依次增多。

　　反观函数式编程，因为可以通过部分应用或柯里化从一个函数轻易获得预设了前面若干个参数值的新函数，参数的顺序调整为从可选到必选才更便于运用。越是靠前的参数越是辅助性的用于调节函数行为的配置，越次要，调用函数时变化得越少，通过部分应用或柯里化预设的可能性越大；越是靠后的参数越是函数主要应用的数据，越重要，调用函数时变化得越频繁，越有可能留待部分应用或柯里化的函数在最后调用时提供。

　　也许有读者会不同意，采用部分应用和柯里化并不一定要改变参数传统的顺序，因为它们都可以从右向左进行。虽然如此，但是在一次填充多个参数时，从左向右进行更容易思考。更重要的原因还是习惯，函数式编程的惯例是从左向右进行部分应用和柯里化，与之相匹配的就是从可选到必选的参数顺序。

5.2.7　柯里化与高阶函数

　　依据其定义，每个柯里化的函数都是高阶函数——返回值是函数。一些原本专门编写以返回函数值的高阶函数，有了柯里化之后，就能以普通函数的方式编写，或者假如普通函数的版本已存在，就可以省去。例如 4.2.1 节中定义的 `isA` 函数，就可以简化为 `isA2`，而丝毫不影响使用。

```
function isA(type) {
    return function (val) {
        return f.typeOf(val) === type;
```

```
        }
    }

    const isString = isA(f.TYPES.STRING);

    function isA2(type, val) {
        return f.typeOf(val) === type;
    }

    const isString2 = f.mcurry(isA2)(f.TYPES.STRING);
```

又如 4.2.3 节中定义的 getAttr 函数就因为已有 get 函数，可以省去。

```
    function getAttr(attr) {
        return function (obj) {
            return f.get(attr, obj);
        }
    }

    const getStop = getAttr('stop');

    const getStop2 = f.mcurry(f.get)('stop');
```

　　手工编写返回高阶函数不能省略的情况，或者说它与柯里化的函数的差别，有两点。一是手工编写函数时可以随意使用剩余参数，被柯里化的函数则必须具有固定的元数（否则柯里化的函数不知道何时原函数的参数已齐备）。所以在 4.3.2 节中定义的 nAry 可以将中间一层的内嵌函数的 fn 参数合并到外套函数中来，但不能把最里层的返回函数的 args 参数也合并。

```
    function nAry(arity) {
        return function (fn) {
            return function (...args) {
                let accepted = f.take(arity, args);
                return fn(...accepted);
            }
        }
    }

    //被柯里化的函数不能使用剩余参数。
    function nAry(arity, fn, ...args) {
        let accepted = f.take(arity, args);
```

```
        return fn(...accepted);
    }
```

二是手工编写函数时，内嵌函数能访问闭包记忆的外套函数中的数据，这其中除了柯里化的函数也能访问的前面传递的各项参数外，还有在外套函数内声明的变量。外套函数和内嵌函数中的代码是在不同的阶段运行的，返回的内嵌函数假如修改了外套函数中的变量值，下次再调用该函数时引用环境就与上次不同，结果也就可能不同。最典型的就是 4.3.4 节中定义的 memoize 函数中的缓存。柯里化的函数则是等到参数齐备后才一次性运行，即使反复调用传递了部分参数得到的函数，其中的变量也是每次都从初始化开始经历以后的赋值，没有记忆的状态。试比较下列同样功能函数的两个版本。

```
function ho(a) {
    let list = [a];
    return function (b) {
        list.push(b);
        return list;
    }
}

//由高阶函数返回的函数，能够利用闭包中的变量获得状态。
const ho1 = ho(1);

f.log(ho1(2));
//=> [1, 2]

f.log(ho1(3));

//=> [1, 2, 3]

function fn(a, b) {
    let list = [a];

    list.push(b);
    return list;
}

//由柯里化的函数计算出的函数，闭包中不包含原函数中的变量，
//不会因为那些变量获得状态。
const fn1 = f.mcurry(fn)(1);
```

```
f.log(fn1(2));
//=> [1, 2]

f.log(fn1(3));
//=> [1, 2]
```

当然，由柯里化的函数计算出的函数也有自己的闭包，能够访问其中记住的参数，假如参数是对象数据类型，修改这些参数也会使函数呈现出状态。

```
//由柯里化的函数计算出的函数，仍然有可能获得状态，比如通过修改闭包中的参数对象。
function gn(a, b) {
    a.push(b);
    return a;
}

const gnArr = f.mcurry(gn)([]);

f.log(gnArr(1));
//=> [1]

f.log(gnArr(2));
//=> [1, 2]
```

注意以上关于高阶函数和柯里化的函数的状态的分析，只是为了体现两者行为上的异同，这些状态都属于函数的副作用，在函数式编程中是要尽量避免的，第 6 章将详细分析这个主题。

5.3　复合

编程中经常出现函数的嵌套调用，它们的形式可以简化为：

```
let v = h(g(f(x)));
```

有时我们为了代码更加清晰可读，会将嵌套调用中某一级的返回值提取出来，赋值给变量。

```
let y = f(x);
let z = g(y);
let v = h(z);
```

　　如果被嵌套调用的函数必须作为一个整体，比如作为参数传递，又或者其他场合也用得上这一组嵌套调用，就需要将被嵌套调用的函数复合成一个函数。数学上函数复合（Function composition）概念很直观，假设函数 $f(x)$ 的定义域为 X，值域为 Y；函数 $g(y)$ 的定义域为 Y，值域为 Z；它们可以被复合成函数 $g{\circ}f$，其定义域为 X，值域为 Z，定义为 $(g{\circ}f)(x)$ = $g(f(x))$。用类型记号表示就是：

```
f :: X -> Y
g :: Y -> Z
g ∘ f :: X -> Z
```

　　从理论回到实际，我们来看一个编程中的例子。还是用列车时刻表的数据，现在假如用户提出希望在白天上车，为此需要编写一个判断某趟列车在某个站点是否于白天开车的函数。

```
//根据包含在数组中的路径，读取对象的嵌套属性。
export function getIn(path, object) {
    if (isZeroLength(path)) {
        return object;
    }
    return getIn(rest(path), get(first(path), object));
}


//读取对象的嵌套属性，若该属性不存在，返回给定的默认值。
export function getInOr(defaultVal, path, object) {
    let val=getIn(path, object);
    return val ===undefined ?defaultVal:val;
}



//虚拟的经过南昌开往上海的列车数据。
const schedule = [
    {num: 15, stop: '南昌', arrival: {hour: 0, minute: 40}, departure: {hour:
1, minute: 3}, dwell: 23},
    {num: 68, stop: '南昌', arrival: {hour: 9, minute: 32}, departure: {hour:
9, minute: 34}, dwell: 2},
    {num: 39, stop: '南昌', arrival: {hour: 10, minute: 58}, departure: {hour:
11, minute: 0}, dwell: 2}
    ];
```

```
function departsInDay(stop) {
    let depart = f.getInOr(0, ['departure', 'hour'], stop);
    //判断时间早晚的两个谓词函数，单独定义可做代码注释。
    //为了简洁和体现复合函数的过程，此处采取在 both 函数
    //中就地定义的方式。
    // const notEarly=f.mcurry(f.lte)(8);
    // const notLate=f.mcurry(f.gte)(18);

    //下面这行代码看似有些复杂，假如所用函数是柯里化的，
    //如使用了某个函数式编程的脚本库，就可以简化为：
    // const isInDay = f.both(f.lte(8), f.gte(18))(depart);
    const isInDay = f.both(f.mcurry(f.lte)(8), f.mcurry(f.gte)(18));
    return isInDay(depart);
}


f.log(f.filter(departsInDay, schedule));
//=> [{num: 68, stop: '南昌', arrival: {hour: 9, minute: 32}, departure: {hour:
 9, minute: 34}, dwell: 2},
    //=> {num: 39, stop: '南昌', arrival: {hour: 10, minute: 58}, departure: {hour:
11, minute: 0}, dwell: 2}][{num: 1, stop: '深圳', arrival: null, departure: {hour:
14, minute: 48}, dwell: null},
```

departsInDay 函数的代码并不复杂，它的逻辑就是先后调用 getInOr 和 isInDay 两个函数，或者说，之所以定义 departsInDay 函数，就是为了将 getInOr 和 isInDay 两个函数复合起来。实际编程中有不少这种情况。在 3.2 节，我们了解到函数式编程的代码运行的本质就是函数的逐级调用，在本书的后续章节中，我们也将看到越来越多的代码完全是由函数调用组成的。那么，通过一个高阶函数 compose 来将函数参数复合成一个新函数，就是将这种共同的模式抽象出来，省去了在类似 departsInDay 的场合手工编写函数的必要。

```
export function compose(...funcs) {
    return function (...args) {
        if (funcs.length < 1) {
            error('Function compose expects at least one argument.',
TypeError);
        }
        let ret = last(funcs)(...args);
        return reduceRight(callRight, ret, initial(funcs));
    }
```

```
    }
```

compose 函数的功能是从右向左应用接收到的函数参数，这个算法与数组的 reduceRight 方法正好有对应之处，两者的差别是 reduceRight 遍历的数组中的元素是用作其函数参数的数据，而 compose 遍历的则是要应用于数据的函数，使两者契合的关键在于 reduceRight 的函数参数 callRight，它的作用在于能够对调数据和函数的位置。

```
export function callRight(arg, fn) {
    return fn(arg);
}
```

reduceRight 函数则是数组对应方法的函数版本。

```
export function reduceRight(iteratee, initialValue, iterable) {
    let arr = Array.from(iterable);
    return arr.reduceRight(binary(iteratee), initialValue);
}
```

被复合的函数逐个被调用，从右向左，每个函数的返回值传递给下一个函数作参数。因此，被复合的函数都是一元的，除了最右边的那个。为了扩大复合函数的适用范围，传递给 compose 的最后一个函数参数，也就是最先应用于返回函数的参数的那个，允许接收任意多个参数。否则如果它也是一元函数，compose 就可以不将其和其他函数做区分，简化为如下版本：

```
function compose(...funcs) {
    return function (arg) {
        if (funcs.length < 1) {
            f.error('Function compose expects at least one argument.',
TypeError);
        }
        return f.reduceRight(f.callRight, arg, funcs);
    }
}
```

下面就是用 compose 函数计算出 departsInDay2 函数的代码。

```
const isInDay = f.both(f.mcurry(f.lte)(8), f.mcurry(f.gte)(18));
const departure = f.mcurry(f.getInOr)(0, ['departure', 'hour']);
const departsInDay2 = f.compose(isInDay, departure);
```

5.3.1　管道与数据流

到目前为止，我们侧重于从函数的角度来分析函数复合，现在我们把视角转向数据，也就是向函数提供的参数和得到的返回值。假如把数据比作液体，函数就像是一节管子，液体从一端流入，从另一端流出。返回值可以被传递给下一个函数作参数，计算出下一个返回值。从一节管子流出的液体可以流入下一节管子，再从它的出口流出。函数能够被嵌套调用的条件是一个函数的返回值可以用作下一个函数的参数，用类型的术语说，一个函数的返回值类型是下一个函数参数类型的子类型，或者说前者对应的集合是后者的子集。两节管子能够前后套接，让液体连续流过，条件是前一节管子的出口小于等于后一节管子的入口。这种关系可以表示如图 5.1 所示。从这个角度看，一个程序就是由许多节管子套接成的一根管道，程序运行的过程就是数据从管道的一端流入，从另一端流出。

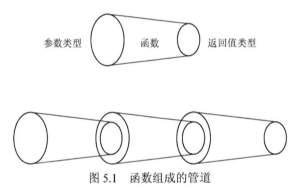

图 5.1　函数组成的管道

从数据的角度来看函数复合：

```
let v = h(g(f(x)));
```

函数的顺序就不是 h、g、f，而是参数 x 先遇到函数 f，求得返回值后再遇到 g，最后是 h。所以按此视角调整参数顺序后，就有了同样复合函数的 pipe[①]。

```
export function pipe(...funcs) {
    return function (...args) {
        if (funcs.length < 1) {
            error('Function pipe expects at least one argument.', TypeError);
        }
        let ret = first(funcs)(...args);
        return reduce(callRight, ret, rest(funcs));
```

---

① 函数管道的理念与 UNIX 操作系统的管线（Pipeline）概念很相似，管线通过标准流将进程串联起来，一个进程的输出直接用作下一个进程的输入。

```
        }
    }
```

  pipe 和 compose 的逻辑完全相同，只是对应于相反的参数顺序，将 last 换成 first，initial 换成 rest。用 pipe 来计算 departsInDay 函数就是：

```
const departsInDay3 = f.pipe(departure, isInDay);
```

  无论是通过 compose 还是 pipe，复合将嵌套调用的多个函数合并成一个，是一种强大的函数式编程技术。不过在实际运用中会遇到一个问题。嵌套调用函数时，每个函数的返回值都是可访问的，在调试代码的过程中，可以将需查看的返回值输出到控制端或日志；而使用复合的函数时，中间结果无法访问，只能查看最终的返回值。因此，我们需要有一种方式能检查管道中间某个套接处的数据流。解铃还须系铃人，问题是由管子接在一起造成的，解决的办法则是接上一种特殊的管子。

```
export function tap(fn) {
    return function (val) {
        fn(val);
        return val;
    }
}


export const dumpFlow = tap(log);
```

  函数 tap 的名称意为轻拍、敲、叩，后引申为通过在线路上附着设备来窃听电话（这种引申让人联想到用手轻拍西瓜，听声音来判断瓜有没有熟）。tap 返回的函数接在管道中时，不对流经的数据做任何改动，只是将接收到的数据原样返回前传递给一个预设的函数。该函数的功能就是检查和记录接收到的数据，这里用的是最简单的 log 函数，将数据输出到控制台。有了 dumpFlow 函数，我们想检查流出管道中任何一节管子的数据，只需在该节管子和下一节管子之间插入 dumpFlow 管子。比如在前面的代码中，我们编写了 departsInDay 函数来判断某趟列车在某个站点是否于白天开车。假如我们对该函数的结果有疑问，或者想在控制台看一看它从时刻表提取的开车时间，就可以在 departure 和 isInDay 函数之间插入 dumpFlow。下面的代码让一条列车时刻数据通过这根附有监听功能的管道，控制台的第一行输出是它获得的开车时间（1 点），第二行输出则是函数的返回值。

```
const departsInDay4 = f.pipe(departure, f.dumpFlow, isInDay);
f.log(departsInDay4(schedule[0]));
//=> 1
```

```
//=> false
```

5.3.2 函数类型与柯里化

函数能够复合的条件和能够被嵌套调用的条件是一样的，即一个函数的返回值类型与下一个函数参数类型兼容。一元函数的情况很好理解。abs（求绝对值）、square（求平方值）、inc（求比参数大一的值）3 个函数的参数和返回值类型都是数字，它们能够以任何顺序复合。sin（求正弦值）函数的参数和返回值类型都是数字，cstr（求参数的字符串形式）函数的参数是任意类型，返回值是字符串类型，upperCase（求字符串的大写形式）函数的参数和返回值都是字符串类型。所以它们只能按一种顺序复合：pipe(sin, cstr, upperCase)。

多元函数的情况呢？一个函数有 n 个参数 x_1, x_2, $\cdots$, x_n，等价于该函数只有一个 n 元组的参数$(x_1, x_2, \cdots, x_n)$。假设这 n 个参数的类型分别为 X_1, X_2, $\cdots$, X_n，对应的 n 元组的类型就是这 n 个类型的笛卡尔积 $X_1 \times X_2 \times \cdots \times X_n$。那么与它复合的前一个函数的返回值只需要属于该笛卡尔集的子集就可以了。JavaScript 没有内置的元组，多元函数的参数也没有被当成多元组对待，所以我们只能用数组来模拟一下这种情况。

```
function toArray(...args) {
    return args;
}


//将一个数字数组中的每一个元素都变为它的平方。为了代码形式上的对称，也用
//function 语句定义，否则可以通过函数计算得出：
// const square = f.mcurry(f.map)(x => f.mul(x, x));
function squareArr(arr) {
    return arr.map(x => f.mul(x, x));
}


//toArray 函数的返回值类型是数组，square 函数的参数类型是数组，可以将它们
//分别当成两个类型一致的多元组，说可以将两个函数复合在一起。
const squares = f.pipe(toArray, squareArr);

f.log(squares(1, 2, 3));
//=> [1, 4, 9]
```

假如将复合限制在一元函数和像上面这样模拟的类型一致的多元函数，函数复合的作用将十分有限。很多时候，待复合的函数是多参数的，而前一个函数的返回值与其中一个

参数的类型兼容。此时理论上有两条途径。一条是将前一个函数的返回值转换成与后一个函数的参数兼容的类型，也就是将一个标量值扩充成元组。例如要将 abs 和 gt 函数复合在一起，获得一个求某个数字的绝对值是否大于指定值的函数。abs 的返回值是一个数字，gt 的参数是一个数字二元组，这就需要构造一个中间函数，将 abs 的返回值和待比较大小的指定值合并成一个二元组。这个中间函数的参数是一个数字，与 abs 的返回值的类型兼容，它的返回值是一个数字二元组，与 gt 的参数类型兼容。当然，为了将 JavaScript 中多元函数的参数模拟成多元组，我们还需要一个类似 Function.prototype.apply 的函数。

```
export function apply(fn) {
    return function (argsArr) {
        return fn(...argsArr);
    }
}


        const square = x => f.mul(x, x);

        function toPair(n) {
            //待比较大小的指定值是 10。
            return [n, 10];
        }

        const squareGT10 = f.pipe(square, toPair, f.apply(f.gt));

        f.log(squareGT10(3));
        //=> false

        f.log(squareGT10(4));
        //=> true
```

这条路径有两点困难。第一点是过于麻烦。多元函数需要经过 apply 函数处理，每次返回值和参数之间的缝隙都需要一个自定义函数来弥补。第二点则更为致命，即使如此大费周章仍然不能满足所有函数复合的需求。以 5.3 节用到的 isInDay 函数为例：

```
const isInDay = f.both(f.mcurry(f.lte)(8), f.mcurry(f.gte)(18));
```

isInDay 是由高阶函数 both 应用于 lte 和 gte 函数获得的，lte 和 gte 原本是二元函数，若是直接传递给 both，得到的也是一个二元函数。但是此时无论用怎样的中间函数，都无法把待复合的前一个函数的返回值转换成 isInDay 所需的参数，因为它需要的二元组的值不是确定的，而是在不同的场合分别有一个成员的值是 8 和 18。

　　让多元函数得以复合的第二条路径就是将它们转变成一元函数，所用方法就是柯里化。这条途径不仅更简洁，而且能够应对上面例示的多元函数的参数值需要变化的场景。至此，我们看到除了在 5.2 节已经展示的诸项好处，柯里化对于函数复合也是必不可少的。

5.4　一切都是函数

　　通过第 4 章和本章的讲解，我们已经熟悉了与在命令式编程中所不同的创建和使用函数的方式。命令式编程中的函数是静态创建的，每个函数都是通过编写其实现代码定义的。函数式编程中的函数既可以静态创建，也能够动态获得，也就是通过调用函数计算出新函数，这一点是函数式编程表现力强的重要原因，也是它的典型风格。通过计算创建新函数又可以细分为两类情况，分别体现了函数式编程的不同理念和特点。

　　第一类是通过柯里化或部分应用从一个适用于较一般场景的多元函数获得适用于具体场景的专门函数，就像从粗壮的树干衍生出细巧的枝杈。这其中又有一种特殊情况是在部分应用时向高阶函数传递了函数参数，如此可以从高度抽象的高阶函数返回适用范围也很广的函数。例如向 reduce 传递 add 函数参数获得求一个数字数组之和的 sum 函数，在命令式编程中，实现同样功能的函数就必须手工遍历累加数组的所有元素。

```
export const sum = mcurry(reduce)(add, 0);
```

　　第二类是通过复合从若干个功能单一的具有通用性的函数获得功能复杂的满足具体需求的函数。进行复合的能力让函数式编程只需编写更简短的、更基础的函数，而通过复合来完成更复杂且具体的业务逻辑。把一个函数要实现的功能想象成一个多边形的木块。命令式编程就像每当需要某种形状和大小的木块时，就锯出一个符合要求的。函数式编程则像制作一套七巧板，再根据需要拼出指定的形状。

　　这两类动态创建函数的情况虽然方式不同，但效果是都可以大大提高使用函数的灵活性、代码的可复用性和可读性。既然有如此显著的好处，我们自然要充分应用这种编程方式。此时会遇到一个障碍，动态创建函数的前提是所涉及的代码单元是函数，而 JavaScript 并不是作为纯函数式编程语言被设计出来的，它保留了大量命令式编程的语法和行为，包括操作符、内置对象和语句。这些内置功能不能直接以函数式编程的风格应用，不过幸运的是，我们可以将它们包装或转化成函数，本书将这种做法称为函数化。

5.4.1 操作符的函数化

计算机最初是为了进行数学计算而发明的，数学计算中广泛采用的运算符（操作符 Operator）自然也就被计算机科学家采纳和沿用。几乎所有的编程语言都支持算术、比较和逻辑操作符，其他大量对应于程序特定功能的操作符也陆续被各种编程语言发明和引入，例如 JavaScript 中的 in、instanceof 和 typeof 等。从本质上说，操作符是编程语言的内置函数。在外观上，操作符可以采用用户习惯的符号，如+、-，函数的名称则受到更严格的限制，如 JavaScript 中的函数名与其他标识符一样，只能以字母、下划线或美元符号开头，后续字符还能使用数字。

在调用形式上，一般来说，函数和其参数的位置有 3 种可能：

- 前缀（Prefix）：函数位于参数之前，如 fn(a, b)，函数与参数之间的括号、多个参数之间的逗号都可能被省略。

- 中缀（Infix）：函数位于参数之间，如 a fn b，这方面的著名例子有算术操作符和 Smalltalk 语言。

- 后缀（Postfix）：函数位于参数之后，如 a b fn，只有少数语言如 PostScript 采用这种怪异的顺序。

绝大多数编程语言中的函数调用都采用前缀顺序，操作符则采用传统或方便的顺序：一元操作符一般采用前缀，如负号和 new 操作符；二元操作符一般采用中缀，如算术操作符和点号形式的属性存取符；三元操作符一般采用中缀，如条件操作符（？：）。中缀能够使操作符和相关的操作数更贴近，形式上更直观。如 $3 + 2 - 1$ 就比$-(+(3\ 2)\ 1)$或$(-\ (+\ 3\ 2)\ 1)$[①]容易理解和书写。不过从计算机的角度来看，前缀顺序是最清晰和便于解析的，Lisp 家族的编程语言就对操作符和函数统一采用前缀顺序。

在调用效果上，有些操作符能够有所在语言的函数因为参数传递的机制不可能有的行为。如++操作符不仅返回比参数大 1 的数字，还会对参数本身做同样的改变，而对应的 inc 函数则不会修改参数。又比如逻辑操作符&&和||具有短路（Short circuit）特性，即假如第一个操作数的值已经能确定运算的结果，第二个操作数就不会被求值，如果操作数是复杂的表达式，这种特性就能明显提升运算的性能。JavaScript 的参数在传递给函数时会全部求出值，因此包装这两个逻辑操作符的函数无法具有短路特性。

在一些函数式编程语言（如 Scheme、Haskell）中，操作符可以和函数一样使用，例如

---

① 这种将括号用在操作符和操作数外边的形式称为剑桥波兰（Cambridge Polish）记法，最有名的应用是 Lisp 编程语言家族。

作为参数传递给函数和柯里化，就不需要像在 JavaScript 中那样对它们进行包装。在本书前面的章节，我们已经对一些操作符进行了函数化，例如 2.7.3 节包装的算术操作符。下面再给出一些操作符函数化的例子。

对象的属性存取符，有点号和方括号两种形式。它们既可以被用于读取对象的属性值，也可以被用来写入属性值，这两种用途分别被包装成 get 和 set 函数。判断某个属性是否存在的代码被包装成 has 函数。因为 JavaScript 中的数组本质上也是以映射为基础的对象，按数字索引访问其成员其实就是访问对象特定名称的属性，所以下面这组函数也可以用于数组。

```
//读对象属性。
export function get(name, object) {
    return object[name];
}


//判断对象是否拥有某个属性。可以看作运算符 in 的包装函数。
export function has(name, object) {
    return name in object;
}


//写对象属性。
export function set(name, value, obj) {
    let copy = clone(obj);
    copy[name] = value;
    return copy;
}
```

当对象的属性本身是对象或数组时，可以继续用存取符访问这些成员的属性。此外，有时会在对象的某个属性不存在时使用默认值。使用存取符的这些场景都能被抽象成方便使用的函数。

```
//读对象属性，若该属性不存在，返回给定的默认值。
export function getOr(defaultVal, name, object) {
    let val = object[name];
    return val === undefined ? defaultVal : val;
}


//根据包含在数组中的路径，读取对象的嵌套属性。
export function getIn(path, object) {
    if (isZeroLength(path)) {
```

```
        return object;
    }
    return getIn(rest(path), get(first(path), object));
}


//读取对象的嵌套属性，若该属性不存在，返回给定的默认值。
export function getInOr(defaultVal, path, object) {
    let val=getIn(path, object);
    return val ===undefined ?defaultVal:val;
}


//判断对象是否拥有某个嵌套属性。
export function hasIn(path, object) {
    if (isZeroLength(path)) {
        return true;
    }

    let name = first(path);
    return has(name, object) ?
        hasIn(rest(path), get(name, object)) :
        false;
}


//写对象的嵌套属性。
export function setIn(path, value, object) {
    if (isZeroLength(path)) {
        return value;
    }
    let ret = clone(object),
        name = first(path),
        nested = ret[name];

    ret[name] = setIn(rest(path), value, nested);
    return ret;
}


let obj = {a: {b: [0, 1]}};


getOr(2, 'c', obj);
```

```
//=> 2

getIn(['a', 'b', 1], obj);
//=> 1

getInOr(2, ['a', 'b', 2], obj);
//=> 2

has('a', obj);
//=> true

hasIn(['a', 'b', 1], obj);
//=> true

hasIn(['a', 'b', 2], obj);
//=> false

setIn(['a', 'c'], 2, obj);
getIn(['a', 'c'], obj);
//=> 2
```

注意，set 和 setIn 没有简单地直接修改从参数传入的对象，而是通过 clone 函数进行了克隆，这是为了使这两个函数没有副作用，它的好处将在第 6 章解释，克隆也将在 6.3.6 节介绍。

逻辑和其他一些操作符的包装函数：

```
export function and(a, b) {
    return a && b;
}

export function not(val) {
    return !val;
}

/**
 * 注意，and 和 or 函数都不具备它们包装的逻辑操作符的短路特性。
 * @example
 * log(true||log('||'));
 * // => true
```

```
 * log(or(true, log('or')));
 * //=> or
 * //=> true
 */
export function or(b1, b2) {
    return b1 || b2;
}



/*
相比于内置的 instanceof 操作符，instanceOf 函数的适用范围扩展到数字等简单数据类型。
 */
export function instanceOf(object, constructor) {
    return Object(object) instanceof constructor;
}


/*
new 操作符的包装函数。
 */
export function newInstance(constructor) {
    return function (...args) {
        return new constructor(...args);
    }
}


/*
===操作符的包装函数。
 */
export function same(value, other) {
    return value === other;
}
```

因为操作符是代码中使用最多的函数，一旦它们被函数化，通过应用柯里化和复合的技术计算出新函数的可能性也是最大的。之前我们已经看到了柯里化的 get、add 等函数的用途，用于比较全等性的===操作符在很多函数中的应用也能以类似的形式转换。在 4.2.1 节中，isNumber 等谓词函数是通过一个更普适的 isA 函数获得的，我们可以进一步省去 isA 的定义，完全通过复合和柯里化计算出这些谓词函数。

```
const isNumber = f.compose(f.mcurry(f.same)(f.TYPES.NUMBER), f.typeOf);
const isFunction = f.compose(f.mcurry(f.same)(f.TYPES.FUNCTION), f.typeOf);
```

```
f.log(isNumber(1), isNumber('1'));
//=> true false


f.log(isFunction(isFunction));
//=> true
```

5.4.2 方法的函数化

方法是附属于对象的函数。与普通函数相比，方法的不同之处在于有一个特殊参数不像其他参数那样列出和传递，它就是方法所属的对象。这一差别在 JavaScript 的函数式编程中会带来一个问题，它表现在如下两个方面。

第一个方面是对象以特殊的语法传递给函数，而柯里化和复合都需要参数以普通的方式传递给函数，将这些技术直接应用于方法时，方法所属的对象就无法被正确提供。

第二个方面是 this 含义的不确定性。this 在对象的方法中指向对象，但这并不是固定的，而是由 this 所在代码的调用方式决定的，当一个函数的使用方式不像定义它时所预想的，就会产生错误。例如一个对象的方法被赋值给一个变量，作为普通函数调用时，this 指向的就不是原来的对象而是全局对象。

方法的函数化就是要将一个方法转化成一个行为上与普通函数无异的函数，也就是调用时所有的参数都跟在函数后面的括号内，不通过前缀的对象传递 this 的值。

1. 解绑与调用

一种自然的思路是将方法从其所属的对象上解绑下来，方法可以看作一个函数，其代码中的 this 绑定于其前缀的对象。解绑的关键是将 this 对象和其他参数一起列为形式参数，然后在函数的代码内将作为参数传入的 this 对象传递给原来的方法。注意，为了遵循函数式编程所习惯的参数顺序，在解绑所得的函数的形式参数中，this 对象被列为最后一个。

```
function unbind(method) {
    return function (...args) {
        let target = args[args.length - 1];
        return method.apply(target, f.initial(args));
    }
}
```

以这种方式将 JavaScript 内置对象的方法变成函数会有一个风险，那就是当这些函数被运用到类型不匹配的对象上时，结果取决于 JavaScript 的执行（Implementation，即实际所用的 JavaScript 引擎）和具体的对象及方法，有可能抛出错误，也可能返回无意义的值。总之，不能一致地发现类型错误。

```
// Firefox
f.log([].toString.apply('1'));
//=> "[object String]"

f.log([].push.apply('1'));
//=> 59 之前的某个版本：TypeError: Cannot assign to read only property 'length'
of object '[object String]'
//=> Firefox 59 TypeError: "length" is read-only

f.log([].join.apply('1'));
//=> '1'

f.log([].some.apply('1'));
//=> 59 之前的某个版本：TypeError: undefined is not a function
//=> Firefox 59 TypeError: missing argument 0 when calling function Array.
prototype.some

// Chrome
f.log(Array.prototype.join.call(1));
//=> ""

f.log([].join.apply('1'));
//=> "1"

f.log(Map.prototype.set.call('1',1,1));
//=> VM4069:1 Uncaught TypeError: Method Map.prototype.set called on
incompatible receiver 1
```

补救的办法是在解绑所得的函数内进行类型检查，下面两个改进的版本分别采用了名义和鸭子类型的标准。

```
function unbindUsingNominalTyping(method, type) {
    return function (...args) {
        let target = args[args.length - 1];
        if (type !== undefined && !(Object(target) instanceof type)) {
            throw new TypeError('${target} is not of type ${type.name}');
```

```
        }
        return method.apply(target, f.initial(args));
    }
}


function unbindUsingDuckTyping(method, name) {
    return function (...args) {
        let target = args[args.length - 1];
        if (target[name] !== method) {
            throw new TypeError('Method ${name} called on incompatible
receiver ${target}');
        }
        return method.apply(target, f.initial(args));
    }
}


f.log(unbindUsingNominalTyping(Array.prototype.toString, Array)('1'));
//=> TypeError: 1 is not of type Array

f.log(unbindUsingDuckTyping(Array.prototype.toString, 'toString')('1'));
//=> TypeError: Method toString called on incompatible receiver 1
```

　　现在虽然可以正确地报告类型错误了，但这两个函数仍然有改进的空间。
unbindUsingDuckTyping 比 unbindUsingNominalTyping 好，因为它采用的是适
合 JavaScript 的鸭子类型检查。鸭子类型的好处之一是令函数具有参数多态性，
unbindUsingDuckTyping 在传递了待解绑的方法名称的同时，还传递对应于特定类型
的方法，并且在函数内将从对象读取的方法和从参数接收的方法作比较，主动放弃了参数
多态性。假如去掉 method 参数，该函数解绑的就不仅是某个特定的方法，而是任意对象
的给定名称的方法，它也有了一个新名字 invoker（调用者）。

```
export function invoker(fnName) {
    return function (...args) {
        let target = last(args);
        if (!isFunction(target[fnName])) {
            throw new TypeError('Method ${fnName} called on incompatible
receiver ${target}');
        }
        return target[fnName](...initial(args));
    }
```

```
}
```

注意 invoker 函数手工检查了目标对象给定名称的属性值是否为函数，假如不是则抛出类型错误，错误的信息与直接在该对象上调用给定名称的方法时 Chrome 抛出的错误信息相同。我们知道，JavaScript 能自动检测被当作函数调用的数据是否为函数，在不是函数的情况下抛出类型错误。这里之所以要多此一举，是因为当目标对象给定名称的属性值不是函数时，JavaScript 内在的类型检查对此处代码报告的错误信息不够清晰和详细，两者的对比可以在下面的代码例子中看到。

利用 invoker 函数，我们可以立即从 JavaScript 内置对象的方法获得准备好可以进行函数式编程的函数。

```
const filter = f.invoker('filter');
const startsWith = f.mcurry(f.invoker('startsWith'), 2);
let arr = ['a1', 'b1', 'a2', 'c1'];
f.log(filter(startsWith('a'), arr));
//=> ["a1", "a2"]


const join = f.invoker('join');
//将一个数组中的元素连接成一个字符串，元素之间没有间隔。
const joinClose = f.mcurry(join, 2)('');
let str = joinClose(arr);
f.log(str);
//=> a1b1a2c1
```

从 invoker 返回的函数无法自动拥有函数化方法的元数，所以在柯里化时必须传入它应有的元数。很多 JavaScript 内置对象的方法都使用了可选参数，柯里化时传入不同的元数，得到的函数就对应于调用该方法传递了不同数量的参数，因此有不一样的行为，可以命名为不同的函数。

```
const startsWithFrom = f.mcurry(f.invoker('startsWith'), 3);
f.log(filter(startsWithFrom('a', 1), arr));
//=> []
```

通过 invoker 获得的函数具有参数多态性，同时又能检测出类型错误。

```
const indexOf = f.invoker('indexOf');
f.log(indexOf('b1', arr));
//=> 1


f.log(indexOf('b1', str));
```

```
//=> 2

f.log(indexOf('b1', 100));
//=> 假如 invoker 函数没有手工检查类型，抛出的错误信息如下：
//=> TypeError: target[fnName] is not a function
//=> invoker 函数手工检查了类型，抛出的错误信息如下：
//=> TypeError: Method indexOf called on incompatible receiver 100
```

2. 绑定

如果一个方法不是定义于某个建构函数的 `prototype` 属性，而是直接属于某个对象。换言之，如果一个方法不是某个类型的实例方法，而是它的静态（Static）方法（即用 class 语法定义类型时，以 `static` 关键字前缀的方法），那么调用该方法的就不是用建构函数创建的实例，而是它所属的对象。该方法函数化后使用的 this 对象也不应该是通过参数接收的实例，而是固定为它所属的对象。这种类型的方法转换成函数时，不会像解绑和调用那样增加一个对应于 this 对象的参数，但必须确保函数的实现代码中所用的 this 关键字一直指向方法所属的对象，而不是像普通函数那样取决于其调用方式。我们把这个动作称为绑定。

```
export function bind(thisArg, fn) {
    return function (...args) {
        return fn.apply(thisArg, args);
    }
}
```

ECMAScript 5.1 引入了 `Function.prototype.bind` 方法，实现绑定就可以更简单地将这个方法包装成函数。

```
function bind_1(thisArg, fn) {
    return fn.bind(thisArg);
}
```

注意两个版本的 bind 将某个函数所用的 this 对象绑定后，都是永久有效的，也就是不能通过解绑或再次调用 bind 更改函数所用的 this 对象。JavaScript 中的 Object 有很多静态方法，它们都可以通过绑定转换成函数。

```
export const create = bind(Object, Object.create);
export const createWithoutPrototype = bind(null, create);
export const getOwnPropertyNames = bind(Object, Object.getOwnPropertyNames);
export const getPrototypeOf = bind(Object, Object.getPrototypeOf);
```

```
export const keys = bind(Object, Object.keys);
export const values = bind(Object, Object.values);
```

下面来看一个应用绑定所得函数的例子。`Object.entries` 方法将一个对象自身的可遍历属性转化为一个嵌套数组，外套数组中的每一个元素都是一个长度为 2 的数组，包含着对象某个属性的键和值。`Map` 用作建构函数时，接收一个可迭代对象参数，该对象每次迭代的值是一个长度为 2 的数组，其中的两个元素分别用作映射的键和值。`Object.entries` 函数的返回值与 `Map` 函数的参数类型一致，可以复合成一个将对象转换成映射的函数，只是两者都需要先用本书介绍的工具加工一下。

```
const entries = f.bind(Object, Object.entries);
const objectToMap = f.pipe(entries, f.newInstance(Map));

let obj = {foo: 'bar', baz: 42};
let map = objectToMap(obj);
f.log(map);
//=> Map(2) {"foo" => "bar", "baz" => 42}
```

用一串代码的"绕口令"来结束本节。上面定义的 `bind` 函数用到了函数的 `apply` 方法，我们可以将其视为把 `Function.prototype.call`（不用 `Function.prototype.apply` 是因为所得的函数接受分离的参数，而不是一个数组作参数）函数的 `this` 对象绑定为 `bind` 中待绑定的函数，而绑定又可以通过函数内置的 `bind` 方法完成，所以 `bind` 函数可以利用原生的 `Function.prototype.call` 和 `Function.prototype.bind` 计算获得。

```
const bind_2 = Function.prototype.call.bind(Function.prototype.bind);
```

`unbind` 函数也可以用类似的思路实现。

```
function unbind_1(method) {
    return Function.prototype.call.bind(method);
}

const unbind_2 = Function.prototype.call.bind.bind(Function.prototype.call);
//还可按此逻辑一直变长。
  Function.prototype.call.bind.bind.bind(Function.prototype.call.bind)
(Function.prototype.call)
```

这样两个函数都利用原生方法，作为高阶函数的返回值获得的。不过参数的顺序变成待绑定或解绑的函数 `fn` 位居第一个，`this` 对象和 `fn` 的其他参数随后，不符合函数式编程的习惯（`this` 对象位列最后）。

以函数原生的 `bind` 和 `call` 方法为基础，`bind` 和 `unbind` 还可以分别用对方来定义。

```
const bind_3 = unbind(Function.prototype.bind);
const unbind_3 = bind(Function.prototype.call, Function.prototype.call.bind);
```

现实中大概不会像上面这样写代码，不过它们本身可以作为理解 `Function.prototype.bind`、`Function.prototype.call` 方法和绑定、解绑概念的有趣的思维练习。

5.4.3　控制流语句的函数化

在前面的章节中，我们已经见到了一些语句的函数化，如 `error` 函数包装了 `throw` 语句。本节针对的是一类重要的语句——关于控制流的语句。命令式编程历史上的一次重要运动是结构化编程（Structured programming），在结构化编程的众多主张中，影响最大的是用一系列标准的控制流语句来取代能进行任意跳转的 `goto` 语句。结构化编程认为所有的控制流都可以由 3 种模式合作完成：顺序、选择和迭代。代码默认按照先后顺序执行，选择模式通过 `if`、`switch`、`select` 等语句完成，迭代模式通过 `while`、`do`、`for` 等语句完成。接下来要函数化的就是 JavaScript 中的 `if`、`switch` 和 `while` 语句。

命令式编程中的控制流语句是与上下文中的变量和赋值共同工作的，在第 6 章中，我们会认识到这些都是代码的副作用。原则上，函数式编程是要避免副作用的；技术上，控制流语句函数化时，其所涉及的变量也只能以参数和返回值的形式发挥作用。所以下面这些对应于 `if`、`switch` 和 `while` 语句的函数有以下特点：原语句中的条件表达式由参数中的谓词函数表达；语句中的代码包块由参数中的一元函数表达，整个语句的效果由对应函数的返回值表达；语句中的条件表达式使用的变量化为上述谓词函数和一元函数的共同参数。

```
//对应于单个 if 语句。
export function ifThen(pred, fn) {
    return function (x) {
        return pred(x) ? fn(x) : x;
    }
}

//对应于 if else 语句。
export function ifElse(condition, onTrue, onFalse) {
```

```
        return function (x) {
            return condition(x) ? onTrue(x) : onFalse(x);
        }
    }
}


//对于嵌套的 if else 或 switch 语句，参数为任意个包含两个元素的数组，
//第一个元素是代表条件的谓词函数，第二个元素是代表要执行代码的一元
//函数，cond 依次执行这些谓词函数，当遇到第一个返回值为真时，返回
//对应的一元函数的结果。
export function cond(...args) {
    return function (x) {
        for (let pair of args) {
            if (pair[0](x)) {
                return pair[1](x);
            }
        }
    }
}


//对应于 while 语句。第一个参数是代表条件的谓词函数，第二个参数是代表要执行
//代码的一元函数。当谓词函数返回真时，应用一元函数；当谓词函数返回假时，返回
//当前的值。
export function when(pred, fn) {
    return function trans(x) {
        if (!pred(x)) {
            return x;
        }
        return trans(fn(x));
    }
}
```

因为控制流语句函数化的特点，或者说限制，在命令式编程不可避免的 JavaScript 的函数内部，这些函数的用处不如原本的语句大，它们的作用主要体现在复合函数。下面看一些简单的例子。

```
//柯里化函数以便后面的使用。
const lt = f.mcurry(f.lt);
//求一个数字的绝对值。
const abs = f.ifThen(lt(f._, 0), f.negate);
f.log(abs(1), abs(-2));
```

```
//=> 1 2


//用数字 0 到 6 分别代表周一到周日，计算下一天是周几。
const nextDay = f.ifElse(lt(f._, 6), f.inc, f.k(0));
f.log(f.map(nextDay, [1, 2, 3, 4, 5, 6, 0]));
//=> [2, 3, 4, 5, 6, 0, 1]


//假设一个地方的个人所得税实行二级阶梯税制，计算一个人要缴多少税。
const mul = f.mcurry(f.mul), sub = f.mcurry(f.sub);
//二级阶梯税制的分级点和税率。
const threshold1 = 1000, threshold2 = 5000;
const ratio1 = 0.1, ratio2 = 0.2;
//用单级税率计算税额与实际税额之间的差额。
const delta1 = threshold1 * ratio1;
const delta2 = threshold1 * ratio1 + (threshold2 - threshold1) * (ratio2 -
ratio1);
//收入低于第一级分级点的缴税额函数。
const tax0 = f.k(0);
//收入介于第一级和第二级分级点之间的缴税额函数。
const tax1 = f.pipe(mul(ratio1), sub(f._, delta1));
//收入高于第二级分级点的缴税额函数。
const tax2 = f.pipe(mul(ratio2), sub(f._, delta2));
const tax = f.cond([lt(f._, threshold1), tax0],
    [lt(f._, threshold2), tax1],
    [f.T, tax2]);
f.log(f.map(tax, [800, 1500, 8000]));
//=> [0, 50, 1000]


//我们用不断逼近的算法来求一个数的平方根。这个算法的思想是对每次估算的平方根，
//计算它的平方与目标之间的偏差，只要偏差大于给定的精度，就进行下一次估算。估算
//的方法要满足两个标准，一是每一次的估算值都要比上一次的更精确，二是估算值的序
//列收敛于精确值的速度要足够快。求平方根的估算方法很简单，程序一直保持最精确的
//两个估算值，一个大于精确值，一个小于精确值，新的估算值就是这两个值的平均值，
//并且根据它与精确值的大小关系取代两个估算值中的一个。
const square = x => x * x;


function deviation(target, x) {
    return abs(target - square(x));
}
```

```
const deviationFrom2 = f.mcurry(deviation)(2);

//估算所需的所有数据都来自参数，返回值是更新了的数组参数。
function estimate([target, upper, lower, closer]) {
    closer = (upper + lower) / 2;
    if (target - square(closer) > 0) {
        lower = closer;
    } else {
        upper = closer;
    }
    return [target, upper, lower, closer];
}


const precision5 = lt(0.1 ** 5);
//利用 when 和复合函数的技术计算出精度为指定小数位的求平方根的函数。
const sqrt = f.when(f.pipe(f.last, deviationFrom2, precision5), estimate);
f.log(sqrt([2, 2, 0, 0]));
//=> [2, 1.414215087890625, 1.4141845703125, 1.414215087890625]
//返回值表明 1.414215087890625 与 2 的平方根的偏差小于 0.00001，
//并且该平方根介于 1.4141845703125 和 1.414215087890625 之间。
```

5.5　性能与可读性

　　高阶函数、部分应用、柯里化、复合、函数化，以上种种技巧都让我们能通过计算动态获得新函数。这种编程方式的好处和便利也已经阐述和例示了。不过，在 JavaScript 中应用这种函数式编程的方式，还是有两点需注意的地方。

　　第一点是性能。柯里化的性能成本在 5.2.4 节里已经介绍了，将操作符包装成函数也会导致少量的性能损失。要在节省程序员的时间和节省机器和用户的时间之间取得平衡，5.2.4 节末尾给出的原则依然适用：对于通用的、被频繁调用的或性能上要求高的函数，最好专门编写代码实现。例如脚本库中 inc、first 这样的函数就不宜通过柯里化获得。

```
const inc = f.curry(add)(1);
const first = f.curry(get)(0);
```

　　相反，对于特定于用户需求的、偶尔被调用的或对性能要求不高的函数，通过计算获得可以收获更简洁和易于理解、维护的代码。在普通的项目开发中，大量的函数都属于这一类别。

　　第二点是可读性。通过计算获得函数的特点是代码简洁，省略了用 function 语句定义函数的代码块。假如过分追求代码的紧凑，在所有可以通过计算获得所需函数的地方都就地计算。也就是说，不仅最终需要的函数是计算获得的，计算过程中所需的函数参数也是计算获得的，再加上将函数的柯里化、填充参数特别是占位符还有参数复杂的函数（如对应控制流语句的）挤在一行编写，代码就会显得杂乱、丑陋和拥挤，读和写这样的代码都辛苦。所以在实际开发中，最好使用函数已经柯里化的脚本库；自定义的函数，柯里化、填充参数和调用不要写得太密集；复合和使用控制流语句的函数化这种函数参数较多的情况下，函数参数最好不要就地定义或计算。总之，使得函数调用依然保持简单的形式，参与的函数和参数若是通过计算获得的，分别将它们赋予常量。下面就是一个反面教材，二级阶梯税制下的求缴税额函数在一条语句内完成，所有涉及的函数都就地计算获得，代码变成了一个巨大的表达式。

```
//二级阶梯税制的分级点和税率。
const threshold1 = 1000, threshold2 = 5000;
const ratio1 = 0.1, ratio2 = 0.2;
//用单级税率计算税额与实际税额之间的差额。
const delta1 = threshold1 * ratio1;
const delta2 = threshold1 * ratio1 + (threshold2 - threshold1) * (ratio2 -
ratio1);

const tax = f.cond([f.mcurry(f.lt)(f._, threshold1), f.k(0)],
    [f.mcurry(f.lt)(f._, threshold2), f.pipe(f.mcurry(f.mul)(ratio1),
f.mcurry(f.sub)(f._, delta1))],
    [f.T, f.pipe(f.mcurry(f.mul)(ratio2), f.mcurry(f.sub)(f._, delta2))]);
f.log(f.map(tax, [800, 1500, 8000]));
//=> [0, 50, 1000]
```

5.6　小结

　　本章首先介绍了部分应用和柯里化这两种函数式编程中重要的应用于函数的技术，尤其是对后者的行为、增强模式、应用的注意事项、与其他概念的关系和对编程的影响做了详细的分析。接下来讨论了通过计算获得函数的重要手段——复合，阐述了管道的理念，并从复合的角度重新观察了函数类型和柯里化的应用。本章末尾介绍了函数化的概念，将命令式编程中使用的操作符、对象方法和控制流语句都包装成函数，以便它们能够通过参数传递和应用柯里化和复合。

在这些具体技术的探讨和代码演示中，我们不仅学习了函数式编程的概念、思路和技巧，还逐渐习惯了一种更加简洁和优美的编程风格。命令式编程的理念是通过一系列改变状态的步骤解决问题的，编写代码就是要写出这些步骤。函数式编程则是将问题的答案视为输入经过一系列计算的结果，编程的工作就是要定义和调用代表这些计算的函数。所以，相较于命令式编程，函数式编程的代码往往更像数学公式，表现为更多和更高层次的抽象。

下一章我们将转向介绍函数式编程的标志性特征——纯函数，包括它的好处、重要性、相关概念，以及如何在 JavaScript 中实现和应用。

■■ 第6章 ■■

副作用和不变性

每个概念的提出，都或多或少地表示与之有差别或对立的概念的存在。我们之所以提出函数式编程，主要是为了研究一种与命令式编程不同的范式。命令式编程是大多数人学习编程时首先接触的，或至少是熟悉的编程范式，大量的流行语言（C语言家族、Python、Ruby）进行的编程都可以归入这个范畴。将命令式编程作为函数式编程的对照和背景，可以更好地揭示函数式编程的特点，并且对深入理解两种范式都有益处。

『 6.1 副作用 』

我们现在就从一个独特的角度来对比和认识这两种编程范式。代码中某个单元对整个计算的影响如果仅限于它返回的值参与它所在结构的计算，该单元就称为没有副作用（Side effect）；反之，则称为有副作用。单元可以指一种编程语言所写的代码中不同大小级别的整体：表达式、语句、包块、函数等。举例来说明：

```
let [a, b, c] = [1, 2, 3];
(a + b) * c++;
let d = c * c;
```

在上面这段代码中，表达式 a + b 求出的值参与它所在的更大的表达式的计算。除此之外，它对后续的计算就没有任何影响，所以我们说该表达式没有副作用。换一种说法，将 a + b 换成它求出的值，整个计算不会有任何差别，这一特性又称为引用透明性（Referential transparency）。表达式 c++ 则不然，除了它求出的值参与所在表达式的计算之外，变量 c 的值也被改变了，这就影响到此后引用了该变量的计算，如 let d = c * c;。

一般来说，表达式的作用都体现在它求出的值，但也有少数表达式有副作用；语句则通常不会返回有用的值，单纯依靠副作用来产生效果。最典型的依赖副作用的例子就是赋值语句，它改变变量值的目的是借此影响之后引用了该变量的代码的计算结果。因为命令式编程的主要手段是操纵变量代表的状态，所以可以说命令式编程是靠副作用进行的。与之截然相反，函数式编程排斥副作用，纯函数式编程语言甚至完全没有副作用（一个显著的推论就是没有变量）。

　　这对习惯于使用变量的程序员来说，几乎是不可思议的，也确实是从命令式编程转向纯函数式编程时对思维的重大转变。不过仔细思考就会发现，取消变量并没有那么可怕和困难。简单而言，在函数式编程中，唯一可能发生变化的量就是函数不同次调用的参数和返回值。因为整个程序被视为一个从最初输入求得最后结果的计算，计算由函数的嵌套调用构成，实际上是一个巨大的表达式。可以想象，操作数为字面值的表达式，就地编写表达式即可，假如在多个地方被引用，可以定义成一个常量。操作数包含参数变量的表达式，可以抽象成函数调用。如果一个量多次发生改变，每次都将其改变的表达式抽象成函数太麻烦，也可以为每一次的改变定义一个新的常量。命令式编程中所有变量的改变次数都是有限且少数的，除了迭代中的变量，而迭代是为了重复执行一段代码，在函数式编程中它的实现方式是递归。

　　JavaScript 不是纯函数式编程语言，很难避免（也没有必要）放弃变量。也就是说，JavaScript 的代码中副作用依然存在。副作用从名称上来看通常是负面含义的，我们熟悉的命令式编程却主要是依赖它，而函数式编程又要排斥它，那么副作用到底有什么坏处？或者说，消除副作用有什么好处？我们从函数的副作用说起。

6.2　纯函数

　　依据定义，一个函数如果在被调用时对随后计算的影响仅限于返回值参与调用者的计算，就称为没有副作用。这有什么好处呢？我们来看两个简单的示例函数。

```
let flag = false;
let count = 0;

function foo(x) {
    if (flag) {
        return ++x;
    } else {
        return x + (count++);
    }
}


function bar(x) {
    if (count > x) {
        flag = true;
```

```
        }
    }
```

函数 foo 的运行结果，除了参数 x，还依赖外部变量 flag 和 count，它不仅有返回值，还修改了外部变量。函数 bar 的行为类似，也读取和修改了外部变量。这两个函数运行的一个共同点是它们对整个程序的影响都不限于其返回值。换言之，一旦调用这些函数，再运行程序的其他部分，结果就有可能不同。这种效果可能是编写它们的程序员有意实现的，即使用所谓全局或公共变量。它们是整个程序的状态，众多函数依据这些状态来行为，并且更新状态。尽管有效且常见，这种编程模式也会带来麻烦。因为每个函数的执行都可能影响到程序的其他部分，一旦副作用不是编程人员所预想和设计的，就会产生错误。比如某个程序员只想着按照函数 foo 的功能去计算一个值而调用了它，不知道或者忘记了它还会改变外部变量。

函数副作用的危害可以从多个角度来论述。如上所述，带有副作用的函数有可能因为使用者不了解或者忽略导致错误。发生错误时，因为源头不确定（代码中任何能修改相关变量的函数都可能是源头），所以难以修改和订正。副作用导致在某个代码环境中函数的行为可能与单独运行该函数时行为不同，单元测试变得难以进行。

综上所述，我们应该编写不具副作用的函数。在函数式编程中，有一个概念与此息息相关——纯函数（Pure function）。一个函数要被称为纯函数，要满足两个条件：第一个条件就是没有副作用；第二个条件是只要传入的参数相同，函数每次被调用总是返回同样的值。第一个条件的意义我们已经清楚了。第二个条件看似有些多余，函数不就应该是这样的吗？数学上的函数确实如此。正弦函数 $\sin(x)$，对于任何自变量值，计算出的函数值总是一定的。但是，程序中的函数却未必如此。决定一个函数返回值的数据，不仅可以来自参数，还可以来自外部变量和隐藏的状态（如当前时间）。例如上面代码中的函数 foo，计算就用到了外部变量的值，因而纯函数的两个条件皆不满足。纯函数的第二个条件，即特征的重要性在于这样的函数更易于思考和调用，适合进行单元测试，由它们组成的函数出现错误时便于调试（设想一下反面情况，也就是即使参数相同，两次调用函数的返回值也可能不同，以上好处就很容易理解了）。综合起来，纯函数的益处可以归纳为：对人来说，边界清晰、相互独立，程序员在编写、阅读和思考每个函数时，可以放心地把心力集中于一处，而不用考虑所有可能会影响它或受它影响的函数；对计算机来说，函数的运行不受任何外部环境、其他函数和时间的影响，适用于并行计算；彼此间没有调用的函数运行的先后顺序可以任意调整，函数调用可以安全地替换为它的返回值，这些特性使得编译或执行代码时能够进行一些优化。

6.2.1　外部变量

　　纯函数的两个界定条件都是结果导向的，即它们只规定了函数的行为有什么样的结果才能称为纯函数，凭这样的条件我们无法在实际中判定某个函数是否为纯函数。即使写一个程序调用该函数也不行，因为单次调用的结果符合纯函数的两个条件，不代表每次调用的结果都会符合。换言之，我们要判断某个函数是否为纯函数，进一步在编写函数时遵循其条件，必须有具有操作性的标准。采用这样的标准，纯函数的定义变为满足新的两个条件：一是函数不修改外部变量；二是函数不读取外部变量，只依赖参数。

　　新旧定义的两个条件分别对应。先看第二个条件，函数不能读取外部变量，关键在于变量。函数当然可以，也需要读取在其外部声明的名称指向的值，否则一个函数内大部分的函数调用都变成不可能的了。除了通过参数传递的函数和在其内部定义的函数，一个函数内的每一次函数调用都读取了一个外部名称指向的值——被调用的函数。重要的是，这些位于外部的函数是不会被更改的（或者说这些函数被读取的内容，即它们的代码是不应该被改变的。如果用 `const` 语句和函数表达式来定义函数，也确实如此。而用传统的 `function` 语句来定义函数，则该函数的名称相当于一个变量名，理论上可以被赋值为其他内容，虽然正常的代码中不应该这样做）。同理，函数也能够读取外部的布尔值、数字和字符串常量。所以准确地说，纯函数可以读取在其外部声明的名称指向的值，只要这些值不能被它自己或其他代码更改，这些值包括作为常量的简单数据类型的值、字符串和函数。之所以将一般的对象排除在外，是因为 JavaScript 中的对象是可变的，即使声明为常量，它的内容也可以被修改，我们在 6.3 节中将详细讨论这个问题。从是否可变的角度来看，一个纯函数读取的外部名称指向的值是永远不会发生变化的，即无论什么时候调用该函数，这些值都是一定的。唯一在函数的不同次调用时可以有变化的就是参数值。

　　再来看第一个条件，函数不修改外部变量是为了不产生副作用。严格来说，函数除了返回值对外界所做的任何改动都属于副作用，这就使得所有涉及输出，比如向控制台打印结果的函数都具有副作用。但是从实际的角度看，只有那些影响到程序其他部分或者说函数运行的改动，才是我们要剔出和消除的。对屏幕等终端设备的输出，目的是给人提供信息和反馈，而不是与其他函数交互，通常也不会对程序的其他部分产生影响。所以将副作用的标准稍稍放宽，纯函数也可以修改外部变量，只要这些变量不能被它自己或其他代码读取，而是像输出流这样的只写（Write-only）量。

　　其实两个条件是一个有机的整体，放在一起更好理解。纯函数的概念要确保的是函数独立，相互没有影响。那么在什么情况下一次函数调用会影响到另一次函数调用呢（无论是否为同一个函数）？只有在第一次的函数运行时修改了某个外部变量，在下一次的函数运行时又读取了该外部变量。所以避免函数间影响的方法就是函数修改的外部名称指向的值无法被读取，读取的外部名称指向的值无法被更改，或者换成更简单和彻底的标准。函数不能修改外部变量，也不能读取外部变量，前者是让函数不要对外"作恶"，后者是让函数保护自己。实际上，假如所有的函数都遵循，或只用遵循两个条件中任意一个，就能实现函数相互没有影响。假如所有的函数都不修改外部变量，就意味着所有函数的外部名称指向的值都是不会更改的，那么即使有函数读取外部名称指向的值也没有关系。或者假如所有的函数都不读取外部变量，那么即使有函数修改外部变量，也不会影响到任何函数。纯函数之所以要同时满足两个条件，就是因为在现实环境中无法确保其他函数的行为，因此既要避免干扰其他函数，也要保护自身不受干扰。

6.2.2 实现

在 JavaScript 中要实现纯函数，除了在函数中不要读取和修改外部变量，特别需要注意的是不要修改参数。JavaScript 的函数是按值传递参数的，所以一个函数内看到的参数值与它的调用者使用的原值是不同的，被调用的函数无法更换原值，但若该参数值是引用类型的并且可变的，被调用的函数就可能改变它。因此在函数内访问对象类型的参数时，需要留心不要修改它的属性，特别是在就地改变很方便时，例如修改参数数组的内容，而应该创建参数的副本，所有变动都在副本上进行。JavaScript 原生数组的方法，若直接通过调用 invoker 函数化，有许多是会改变作为参数的数组的，如 pop、push、shift、unshift 等，函数式编程将采用没有副作用的 append、last、initial 等函数来代替它们，在第 8 章将详细讨论这些函数。

函数的返回值不像参数那样可以有多个，当函数的结果难以用单个值表示时，允许按引用传递参数的语言会通过参数来传递结果，这是明显的函数的副作用，所幸这在 JavaScript 中是不可能的。或者可以将多个返回值组合成一个复合类型的值，复合类型既可以采用键值对组成的元组，也可以简单使用元组，这在能够用字面值创建这两种类型数据的编程语言中是很方便的，在 JavaScript 中对应的就是返回字面值的对象和数组。

除非是专门用于输出的函数，函数的所有执行路径都应以 return 语句告终。既然普通函数体现效果的唯一途径是返回值，就应该确保函数在各种情况下结束运行都有返回值。没有 return 语句是那些单纯依靠副作用的函数的特征。

6.2.3 函数内部的副作用

在本节中，我们分析了函数副作用的危害和纯函数的优点，那么在函数内部情况如何呢？在 6.1 节中，不同层次的代码单元都可能有副作用，而函数式编程原则上是排斥副作用的。但是假如要在 JavaScript 的函数中也完全避免副作用，结果不是不可能的，也是很困难的。

首先，给变量赋值是典型的具有副作用的语句。虽然我们可以如 6.1 节中描述的那样，通过常量、递归和函数调用来取消变量，然而一则要改变程序员对变量的习惯和依赖是很困难的；二则与不使用变量的版本相比，允许使用变量会让代码更紧凑一些，特别是 JavaScript 对迭代有内置的语法支持，却没有支持递归的原生数据结构，这一点在第 7 章中将解释得更清楚。

其次，我们知道操作符是编程语言内置的特殊函数，从这个角度来看，JavaScript 的很多内置函数就带有副作用。赋值操作符不用说（它也可以被看成是一个特殊的二元函数，两个参数分别是赋值操作符左右两边的变量和值，函数的副作用就体现在它改变了作为参数的变量的值），属性存取符在被用来修改对象属性和数组元素时相当于一个有副作用的函数，ECMAScript 2015 就将该函数暴露给了程序员——Reflect.set，它的功能就是修改从参数传入的对象。类似的例子还有++、`Reflect.preventExtensions`、`Reflect.setPrototypeOf` 等。由此可见，JavaScript 的很多基本的函数就是不纯正的，只要在一个自定义的函数中使用这些函数（有些可以尽量不使用，如++，有些则很难），副作用是不可避免的。

虽然在函数中很难避免副作用，但好消息是局限于函数内部的副作用不像函数的副作用那样可怕。或者说，用 JavaScript 进行函数式编程，函数内部的副作用是可以接受的。函数内部的副作用是一种看名称有些含糊的说法，内外是相对的，函数的内部就是其中被调用函数的外部。所谓函数内部的副作用，是强调那些被函数修改的外部变量是局部变量，以区别于一个脚本中函数修改全局变量或一个对象的方法修改其属性，这种副作用在一定条件下可以接受，有两个方面的原因。

首先，函数是有边界的，其中的代码是有限的、确定的，遵循好的编程规则写出的函数往往更是不长的，这就使得副作用被控制在狭窄的范围内。副作用对程序员的坏处是增大了他们的脑力负担——对于被函数修改的外部变量，程序员要清楚所有修改它的函数和时间点，这项任务当程序规模增长时迅速变得可畏。而在一个函数的范围内，程序员要明白所有导致局部变量值变化的函数调用，就是可以做到的。副作用的其他不良后果也同样减少或消失了：调试程序时的困难，因为局部变量和修改它们的函数的有限性和集中性，大大降低了；单元测试是以函数为单位，其内部的副作用丝毫不影响测试的进行。

函数内部的副作用，除了源于 JavaScript 的内置函数，还有自定义函数有意采用的情况，它的目的有两种：一是嵌套函数中的内嵌函数直接修改外套函数中的变量，这样可以省去将该变量添加到内嵌函数的参数列表再在函数调用时传递；二是因为对于 JavaScript

中原生的复合数据类型、数组和对象，就地改变的效率是最高的。所以当一个函数需要根据来自参数的数组或对象返回一个内容稍有改变的数组或对象时，出于性能考虑，往往选择将修改后的参数值返回，特别是当该函数可能被频繁调用时。

```
//设想我们要查找一个很长的文本中某个字符串出现的位置，比如说一封来信中单词
//peace 出现的位置，用到了一个自定义函数 indicesOf。该函数与字符串的 indexOf
//方法类似，不同的是它返回在一个字符串中所有找到另一个字符串的开始处索引组成的
//数组。
let letter = 'Hello Earth, ...';
let indices = f.indicesOf('peace', 0, letter);

export function indicesOf(val, fromIndex, indexed) {
    let ret = [];
    let index = indexOf(val, fromIndex, indexed);
    while (gt(index, -1)) {
push(index, ret);
index = indexOf(val, inc(index), indexed);
    }
    return ret;
}


/*
数组的 push 方法被包装成函数，并改变了返回值，使它更符合
实际使用时的需求。
 */
export function push(elem, arr) {
    arr.push(elem);
    return arr;
}
```

indicesOf 函数中调用的 push 函数是有副作用的，之所以使用它，是因为就地修改参数数组要比每次调用函数时都创建一个新数组更有效率，尤其是在 indicesOf 这样的可能需要大量调用 push 函数的场合。

另外还有一种修改参数被容许的情况发生在函数递归调用时。在被递归调用的函数内修改某个参数时，已经没有任何代码会再使用该参数原来的值。这样的例子将在 7.1.2 节中看到。

其次，在函数内部，可以通过其他函数遵循纯函数的标准来减少那些无法避免或有意选择的带有副作用的函数的危害。我们知道一个函数对另一个函数的影响由两个环节组成，

前者要有副作用，后者要读取外部变量。函数的副作用之所以有害，是因为它往往和全局变量的使用结合在一起，比如一个脚本中的函数读取和修改全局变量，或者一个对象中的方法读取和修改对象的属性。反观在函数内部，尽管变量的值会因为赋值语句或某些函数的副作用改变，只要其他函数是纯函数，就不会受副作用的影响。

总结起来，JavaScript 因为不是纯函数式编程语言，编写代码时要避免副作用是很困难的。不过只要清楚副作用的原理，谨慎应对，函数内部的副作用不会影响函数式编程。

6.2.4 闭包

在 1.3 节中我们知道，闭包是与 JavaScript 中每个函数相伴的。很多情况下，程序员会有意利用它完成一些巧妙的或者离开它无法实现的功能，在函数式编程中，也经常可见它的身影。不过需要注意的是，对函数式编程来说，闭包是一把双刃剑。一方面，包括很多关键性的技巧（如柯里化）都离不开它（函数要记住返回它的函数接收的参数。）；另一方面，闭包容易引诱程序员写出方便实用的不纯函数。

下面的计数器代码是运用闭包的一个简单又典型的例子。createCounterFn 返回一个计数器函数 counter，该函数每调用一次，闭包中用来计数的变量就增加 1。

```
function createCounterFn() {
    let val = 0;
    return function counter() {
        return ++val;
    }
}
```

这种模式还可以扩展到建构函数，用以实现对象的私有字段。

```
function CounterWithPrivacy() {
    let val = 0;
    this.current = function () {
        return val;
    };
    this.increment = function () {
        val++;
        return this;
    };
    this.reset = function () {
        val = 0;
        return this;
```

```
        }
    }
```

对于函数来说，闭包能够使函数具有内部状态，从而在函数的多次调用之间建立起联系。对于对象来说，JavaScript 的对象没有存取级别，闭包是模拟对象私有字段的唯一手段。闭包的这些作用在命令式编程看来是很有效和可贵的，但是这两种用途恰恰破坏了纯函数的标准——每次被调用返回的值未必相同，即使传入的是同样的参数。这样的函数不再具备纯函数的种种好处和便利。

从副作用的角度来看，以上两种运用闭包的模式，虽然函数都修改了它们外部的变量，但其影响仅限于函数的闭包之内，不会干扰其他函数，可以看作一种特殊形式的函数内部的副作用。进一步地说，运用闭包也不一定会破坏纯函数，函数是第 4 章中给出的大量高阶函数的例子，还有函数的柯里化，都运用了闭包，但是那些函数仍然是纯函数。本节介绍的运用闭包的函数，问题在于它们修改了闭包中的变量。只要函数对闭包的运用限于读取其中的值，比如最常见的读取该函数所在的外套函数的参数，闭包的作用就相当于为该函数提供若干可配置的隐藏的常量，该函数的返回值依然由其参数决定，不会违背纯函数的标准。相反，假如函数修改了闭包中的变量，无论是外套函数的参数还是局部变量，都会使该函数具有与纯函数不兼容的状态，函数的返回值不仅取决于其参数，还会受这些变化的状态的影响。

『 6.3　不变性 』

在本书前面的内容，特别是本章中，已经多次提到某个值是可变的（Mutable）或不可变的（Immutable）。不可变的数据一般被认为是有益的，尤其是函数式编程，特别强调数据的不变性（Immutability），这也成为函数式编程的特征之一。不变性这个概念从名称上给人很多想象的空间和理解的可能，并且与关于数据的其他若干概念紧密相关，值得我们多花一些篇幅来探讨。

6.3.1　哲学上的不变性与身份

当我们谈论不变性时，谈论的是什么？数字是不可变的，对象是可变的，这似乎是符合直觉的。比如一个简单的对象 {x: 3, y: 4} 可能变成 {x: 5, y: 4}。可是认真思考一下，这与数字 3 变为 5 有什么差别？对象 {x: 3, y: 4} 本身并没有改变，并且作为抽象世界中的一个实体永远不会改变。同理，所有所谓数据的更改，都只是从一个实例更换成另一个实例，实例本身并没有变化。为了从这种哲学的不变性观念跳脱出来，我们发现，若要承认变化是可能的，必须界定它与不变的关系。任何对象的变化都是以它的某些不变为前提的，我们之所以能说某个对象变化了，除了显而易见的变化，还由于我们承认变化后的对象仍然与之前的是同一个，即对象的身份（Identity）没有变化。赫拉克里特说"人不能两次踏进同一条河流"，就是因为他认为河流时刻在变化，此刻的河流和彼时的河流已不是同一个对象。

按照这个思路，似乎可以将数据的更改细分为两种类别。若身份未变，数据的更改称为改变；若身份发生了变化，数据的更改则属于更换。下面我们将这种依据身份的划分应用到简单和复合数据类型上，看看是否成立。

6.3.2 简单类型与复合类型

简单类型的数据依其定义是单值的，这个值决定了数据实例的身份，一旦值改变，实例的身份就改变了，换成了另一个实例，所以逻辑决定了简单类型的实例是不可变的。例如数字 4 变成 5，不会被看作同一个数字的值改变了，而是由一个数字换成了另一个数字。复合类型实例的身份由其所有成员属性的值决定，当部分属性的值改变时，实例的身份没有更换，实例却发生了变化，所以说改变一个复合类型的实例是可能的。粗看起来，上述观点是言之有理的，但一细究，就会发现问题。判断数据身份是否发生变化，并不存在客观的标准。下面通过几个有代表性的例子来分别说明。

一个数字从π变成 e，身份改变了，属于更换，没有问题。现实计算中，我们只能使用一定精度的圆周率，那么当精度提高，π从 3.14 变成 3.1415926 时，数字的身份没有变化，就应该属于改变。可是，排除人的主观标准，这两次变化都是从一个数字变到另一个数字。

如果我们认定一个实数 3.5 变成另一个实数 6.1 是更换，那么推广到一个复数 $2 + i3$ 变成另一个复数 $2 - i7$ 自然也属于更换，我们再将复数映射到平面上的点，点(2, 3)变成点(2, −7)应该也属于更换。但如果我们以惯常的标准，用包含两个数字的复合类型来表示点，(2, 3)变成(2, −7)又可以被划为改变。

再比如一个表示个人的复合类型，包含姓名、年龄等属性。当{name: 'Jack', age: 20}变成{name: 'Jack', age: 21}时，没有人会认为它的身份发生了变化，所以这属于数据的改变。但是当它变成{name: 'Peter', age: 20}时，我们就会认为身份发生了变化，从而属于数据的更换。然而从数据的观点看，这两次变化仅仅涉及属性不同，没有本质的差异。

由此可见，对数据身份是否变化的判断是主观的，以此来将数据的更改划分为更换和改变也就是没有意义的。程序中的数据不变性，不是建立在哲学思辨的基础上，而是以更实际的标准来判断。数据的不变性指的是一个数据实例在新建后不能被修改的性质，修改是使之内部状态发生变化，因而隐含了数据本身是可分的前提。简单类型因为是原子的，不可分的，没有内部状态可被修改，所以逻辑上就具有不变性。与之相对的，复合类型有体现状态的成员属性，才可能发生改变。不变性还可以从名称的角度分析。名称在被绑定某个数据后，没有被再次赋值而其绑定的数据发生变化，就是数据被改变；通过再次赋值使其绑定的数据发生变化，则是数据被更换。也就是说，对数据整体被更换和就地部分被改变加以区分，更换时原数据没有被改变。一种数据若只能被更换，不能被改变，我们就说它具有不变性。结合数据类型和名称两个角度，能得出以下结论：名称绑定简单类型实例时，数据只可能被更换；名称绑定复合类型实例时，数据既可能被更换，也可能被改变。

我们再回过头审视简单和复合类型的判定标准。理论上一种数据类型是简单的，还是复合的，可以随观察角度改变。数字和字符一般被归为简单类型。但复数很自然可以看作是由实部和虚部组成的复合类型，即使是整数，在位运算中也变成由各个二进制位组成的复合类型，例如用整数的各位充当标记，成为一个位掩码：

```
const FLAG_IMPORTANT=1; //二进制为 01，表示重要
const FLAG_URGENT=2; //二进制为 10，表示紧急
let cat = FLAG_IMPORTANT; //重要但不紧急
cat = FLAG_IMPORTANT | FLAG_URGENT; //二进制为 11，重要且紧急
```

类似地，我们可以取一个字符的编码，例如 UNICODE 码，然后将其中的不同位二进制码作为字符的成员属性，字符就也变成复合类型。所以两种数据类型的划分，更多的是基于它们通常被看待和使用的习惯以及与此对应的它们在计算机内部的表示和行为。高级编程语言中数字、字符通常是作为整体读取，结构体、对象、数组这些多成员的数据类型，则天然地可以读取和修改成员的值。

6.3.3　值类型与引用类型

除了简单和复合类型的差别，影响数据更改的还有在 1.1.1 节介绍的值类型和引用类型。对于值类型，变量值被更改，就在变量读写的位置就地完成。对于引用类型，变量值被更改，既有可能是变量被赋予新的指针，也可以是指针不变，而它指向的数据发生变化。也就是说，引用类型的数据更改，实际上涉及指针和数据两个层面的可能性。指针作为一个整体，可以看作属于简单数据类型，只能更换无法改变；另外指针指向的数据也无法被更换，因为那样做需要在指针不变的情况下，将新数据复制到指针指向的位置，而引用类型的数据的更换，只能是指向新数据的指针被赋值给变量。

如此一来，简单和复合类型、值和引用类型，两种正交的分类标准一起应用可以产生 4 个类别。每个类别的数据可能发生的更改都不同。

- 简单和值类型：数据更换。

- 简单和引用类型：指针更换。

- 复合和值类型：数据改变（如 C 语言中的结构体数据被修改）和更换。

- 复合和引用类型：指针更换和数据改变。

所幸，在 JavaScript 中我们不用考虑这么多。JavaScript 中的变量统一采用引用模型，或者说 JavaScript 中所有的数据都是引用类型的。即使是数字这样的简单类型，变量中保存的也是某个值的引用，该引用指向堆中实际的值。表 6.1 可以概括 JavaScript 中数据更改的 3 种情况。

表 6.1　JavaScript 中数据更改的几种情况

数据类型	数据更改	举例说明
简单	指针更换	`let n = 3;` `n = 4;`
复合	指针更换	`let o = {};` `o = {count: 1};`
复合	数据改变	`let o = {count: 1};` `o.count = 2;`

6.3.4　可变类型与不可变类型

比起前面对数据所做的两种分类，JavaScript 的标准和教材一般使用另一种分类法。所有数据分为两类，原始（Primitive）类型包括 Undefined、Null、布尔值、数字、字符串和符号（Symbol），引用类型包括对象。原始类型是一个模糊的词汇，在不同语境下有不同含义。有时它指一种编程语言原生的数据类型，有时指简单类型，有时它的含义等于上文的值类型，但在 JavaScript 里，它却三者都不是。它没有包含数组和对象这样的原生数据类型，却又包含了属于复合类型的字符串，而它也不是值类型，因为 JavaScript 中所有的数据类型都是引用类型，比如字符串在多个名称之间被赋值时，复制的仅仅是指针，10 个指向同一长字符串的名称所占用的内存并没有该字符串所需的 10 倍之多。然而，字符串作为复合类型，与 C 语言中的字符串或 JavaScript 的对象的不同之处在于它是不可变的。字符串的任何看上去要改变它的方法，如 `toLowerCase`，都会返回一个新的字符串实例，而保持原字符串不变。JavaScript 中原始类型和引用类型数据的差别正在于其是否可变，所以更确切地应该分别被称为不可变的和可变的数据类型。

6.3.5　可变数据类型的不足之处

在详细讨论完不变性的含义和其与其他概念的关系之后，终于可以来看看可变数据的不足之处了。我们知道函数的副作用是有害的，编写函数时最容易犯的导致副作用的错误就是修改了数组和对象这样的可变类型的参数。

```
//求一个数字数组的算术平均数。
function mean(nums) {
    return f.div(f.sum(nums), nums.length);
}


//求一个数字数组的平方平均数，也就是各个元素的平方的算术平均数的平方根。
function rms(nums) {
    //为了利用求算术平均数的函数，先将数组的每个元素换成其平方值。
    for (let i = 0; i < nums.length; i++) {
        let n = nums[i];
        nums[i] = f.mul(n, n);
    }
    let m = mean(nums);
    return Math.sqrt(m);
}


let nums = [1, 2, 3, 4, 5];
f.log(mean(nums));
//=> 3


f.log(rms(nums));
//=> 3.3166247903554
```

上面代码中求算术平均数和平方平均数的函数看似都工作正常，但此时如果再求原数组的平均数，就会发现结果不同了。

```
    f.log(mean(nums));
    //=> 11
```

原因是函数 rms 不当地修改了数组参数，纠正的方法有很多，可以创建一个新的数组来容纳平方值，或者直接调用没有副作用的 Map 函数。再来看函数返回值是可变数据类型的例子。我们想在母亲节送上祝福，为此写了一个函数计算出今年母亲节的日期。

```
function getMotherDay() {
```

```
    let now = new Date(Date.now());
    //今年 4 月的最后一天。注意月份数字从 0 开始，日期数字从 1 开始。
    let date = new Date(now.getFullYear(), 4, 0);
    //4 月份的最后一天是星期几。
    let day = date.getDay();
    //从 4 月份的最后一天开始计算，出现的第 2 个周日就是母亲节。
    //注意表示周几的数字是从 0 开始的。
    let secondSunday = 14 - day;
    date.setDate(secondSunday);
    return date;
}


f.log(getMotherDay());
//=> Fri Apr 13 2018 00:00:00 GMT+0800 (China Standard Time)
```

2018 年母亲节的日期是 5 月 13 日。这个函数经常被调用，我们不想每次都重复计算，为此可以对函数稍稍加以改进，使其能计算任何年份的母亲节日期，并且通过缓存来提高性能。

```
function getMotherDayForYear(year) {
    let date = new Date(year, 4, 0);
    //4 月份的最后一天是星期几。
    let day = date.getDay();
    //从 4 月份的最后一天开始计算，出现的第 2 个周日就是母亲节。
    //注意表示周几的数字是从 0 开始的。
    let secondSunday = 14 - day;
    date.setDate(secondSunday);
    return date;
}


const getMotherDayForYearM = f.memoize(getMotherDayForYear);


f.log(getMotherDayForYearM(2018));
//=> Fri Apr 13 2018 00:00:00 GMT+0800 (China Standard Time)


f.log(getMotherDayForYearM(2019));
//=> Fri Apr 12 2019 00:00:00 GMT+0800 (China Standard Time)
```

一切都很正常。直到有一天，一位来中国出差的蒙古程序员调用这个函数，他发现结果不正确，因为在蒙古母亲节是每年的 6 月 1 日（对，和儿童节是同一天）。于是，他将日期稍作修改，用在自己的程序里。可是从此以后，他的中国同事再调用该函数，就发现返回的都是儿童节了。

```
//在中国出差的蒙古程序员调用该函数。
let date = getMotherDayForYearM(2018);
date.setMonth(5);
date.setDate(1);
f.log(date);
//=> Fri Jun 01 2018 00:00:00 GMT+0800 (China Standard Time)

//他的中国同事调用该函数。
f.log(getMotherDayForYearM(2018));
//=> Fri Jun 01 2018 00:00:00 GMT+0800 (China Standard Time)
```

问题就出在 getMotherDayForYearM 函数返回的日期保存在它的闭包里，而 JavaScript 中的 Date 对象是可变的，函数的用户对返回值的修改污染了缓存中的数据。这可以归咎于 getMotherDayForYearM 具有内部状态，不是纯函数，也可以理解为 Date 对象的 setMonth 等方法具有副作用，修改了相当于参数的 Date 对象。纠正的方法有很多，或者采用不带缓存的 getMotherDayForYear 函数，或者函数的用户注意不要修改返回的日期对象，比如只需要日期的年月日周等属性的情况下，可以读取这些属性值再进行计算，假如需要修改和使用整个日期对象，则可以先创建一个副本。

6.3.6 克隆与冻结

一种防止上一节例示的错误的通用方案是在修改可变的数据之前创建它的一个备份，也就是所谓的克隆。不同类型对象的数据存取方式不一样，数组和一般的对象直接通过属性存取，Map 和 Date 等特定用途的对象则通过其专门的方法来读写数据，所以克隆它们时所采取的途径也不一样。因为数组和一般的对象是 JavaScript 中使用最普遍的数据类型，为了使代码不至于太分散，我们接下来的讨论集中于这两种数据的克隆。首先来看 cloneProps 函数，它仅仅克隆对象属于自己的属性。也就是说，假如属性值是不可变的数据类型，修改克隆对象的属性不会影响原对象；假如属性值本身是对象，则修改该对象的属性依然会反映到原对象上。这种克隆称为浅表克隆。

```
export function cloneProps(obj) {
    if (!isObject(obj)) {
        return obj;
    }
```

```
    let copy = new obj.constructor();
    Object.defineProperties(copy, Object.getOwnPropertyDescriptors(obj));
    return copy;
}
```

浅表克隆可以满足最常用的包含不可变类型值的，也就是非嵌套的数组和对象。比如上一节中的求平方平均数的函数，使用 clone 函数就能避免副作用。

```
function rms2(nums) {
    let copy = f.cloneProps(nums);
    for (let i = 0; i < copy.length; i++) {
        let n = copy[i];
        copy[i] = f.mul(n, n);
    }
    let m = mean(copy);
    return Math.sqrt(m);
}

let nums2 = [1, 2, 3, 4, 5];

f.log(rms2(nums2));
//=> 3.3166247903554

f.log(mean(nums2));
//=> 3
```

对于嵌套的数组和对象，如果修改浅表克隆所得副本中内嵌的数组或对象，仍然会反映到原始的数据上。要想不影响原始数据，就必须对内嵌的数组和对象也进行克隆，因为嵌套的层次是不确定的，所以克隆需要递归进行，这样的克隆称为深度克隆。

```
export function clonePropsDeep(obj) {
    if (!isObject(obj)) {
        return obj;
    }

    let copy = new obj.constructor();
    let props = Object.getOwnPropertyDescriptors(obj);
    forIn(cloneProperty, props);
    return copy;

    function isAccessor(desc) {
```

```
            return !isUndefined(desc.get) || !isUndefined(desc.set);
        }


        function cloneProperty(p, desc) {
            if (isAccessor(desc) || !isObject(desc.value)) {
                Object.defineProperty(copy, p, desc);
            } else {
                Object.defineProperty(copy, p,
                    Object.assign(desc, {'value': clonePropsDeep(desc.value)}));
            }
        }
    }
//与 for...in 语句不同，forIn 只迭代对象自身的属性。
export function forIn(fn, obj) {
    for (let k of keys(obj)) {
        fn(k, obj[k]);
    }
}
```

上面两个克隆函数的代码有几点值得讨论。

- 只有可变的数据类型才需要克隆，所以对于对象之外的数字和字符串等类型的值，直接返回。

- 因为调用了对象的建构函数，所以在一般情况下，克隆的对象和原对象具有同样的原型链。

- 因为使用的是 Object.getOwnPropertyDescriptors 方法，所以复制的既包括原对象的可枚举的属性，也包括不可枚举的属性。

- 复制的不是属性值，而是属性描述者（Property descriptor），因此属性的完整内容，包括存取函数（getter 和 setter）、是否可写、可枚举、可配置等性质都与原始对象一模一样。

上述做法看上去都不错，然而对于函数式编程来说，后面 3 点的意义都不大。我们之所以煞费苦心这样做，是因为还习惯于面向对象的编程思维，在第 9 章将详细讨论。在函数式编程中，数据并不和处理它们的函数封装成对象，数据通过复制和合并等方法来扩展，函数凭借参数多态性和作为参数传递来取代面向对象编程的继承性和多态性，因此数据无须像对象那样通过继承建立起类型层次，JavaScript 中用于实现继承的原型链就不再有作用。数据完全是通过外部的函数来处理，没有属于自身的方法，所以数据必须是完全公开可访问的，控制属性的可枚举、可配置等性质也就失去了意义。属性的是否可写通过本节后面介绍的冻结和 6.3.7 节、6.3.8 节讨论的方式来处理。属性的存取函数实际上是将方法包装成属性的形式来访问，在函数式编程中也是不适用的。由此可见，在函数式编程中克隆对象，或者说克隆复合类型的数据，可以采取更简单直接的做法。

```
export function clone(obj) {
    if (!isObject(obj)) {
        return obj;
    }

    if (isArray(obj)) {
        return [...obj];
    }

    return {...obj};
}

export function cloneDeep(obj) {
    if (!isObject(obj)) {
        return obj;
    }

    let copy = isArray(obj) ? [] : {};
    forEach(name => copy[name] = cloneDeep(obj[name]), keys(obj));
    return copy;
}
```

针对数组和一般的对象，上述两个简单的函数就足够了。当然，在实际运用中，我们还需要添加对其他类型数据的处理，比如上面提到的 Map 和 Date 等特殊用途的对象，再比如函数在 JavaScript 中虽然也属于可变的对象。但在函数式编程中应该被视为不可变的数据，其作用仅仅体现在不可变的可执行代码上，而不应该像一般的对象那样当成容器来设置和读取属性。假如某些数据需要和函数一道传递，可以创建一个容器对象，将那些数据和函数设为对象的属性。

在实际编程中，不可变类型的数据、数组、对象和通过数组及对象递归构建成的数据占据了 JavaScript 程序所要处理数据的绝大部分。除了包含环状结构的对象，也就是嵌套对象的某个内嵌属性指向自身的情况，这些数据都可以用 JSON 来表示，这也正是 JavaScript 现实应用主要处理的数据。所以采用函数式编程时，绝大部分数据都可以使用 clone 和 cloneDeep 来克隆。

　　相较于浅表克隆，深度克隆耗费的时间和空间都更多，只应该在确有必要时使用。一般需要克隆时，仅采用浅表克隆。例如，之前定义的写对象属性的 set 函数，因为只会修改对象的直接属性，所以只需采取浅表克隆。写对象的嵌套属性的 setIn 函数，也只对嵌套路径上的对象做浅表克隆，而不是对整个对象做深度克隆，却同样做到了没有副作用。这种巧妙的做法不仅提升了效率，还扩大了函数的适用范围。cloneDeep 没有做循环检查，因而不能克隆包含环状结构的对象（有兴趣的读者可以补上这一点）。setIn 只做浅表克隆，就可以应用于包含环状结构的对象。

```
//写对象属性。
export function set(name, value, obj) {
    let copy = clone(obj);
    copy[name] = value;
    return copy;
}


//写对象的嵌套属性。
export function setIn(path, value, object) {
    if (isZeroLength(path)) {
        return value;
    }
    let ret = clone(object),
        name = first(path),
        nested = ret[name];

    ret[name] = setIn(rest(path), value, nested);
    return ret;
}
```

　　在修改对象的场合，克隆的使用者既可以是对象的提供者，也可以是修改者。对于 6.3.5 节介绍的两类导致副作用的情况，若由对象的提供者进行克隆，在函数修改参数的情况下，就应该是函数的调用者在调用函数前先克隆参数；在修改函数返回值的情况下，就应该是函数返回克隆的结果。若由对象的修改者进行克隆，在函数修改参数的情况下，就应该是函数对参数进行克隆；在修改函数返回值的情况下，就应该是函数的调用者克隆返回值。对象的提供者负责克隆，虽然能确保绝对安全，但是当对象的使用者没有修改对象时，就是不必要的浪费。对象的修改者负责克隆，仅仅在需要的情况下才会进行，但是难免疏忽和遗忘。

　　走出这个两难处境的一种办法是冻结，也就是将可变的对象变成不可变的。对象的提供者对其进行冻结，就可以防止对象的使用者修改对象造成副作用。对象的使用者若真的需要修改对象，可以对其进行克隆。因此，对象的提供者对其进行冻结，就像进行克隆一样，是一项防御性的措施。冻结的优点在于它可以借助 JavaScript 内置的 freeze 方法，速度更快且节省空间。

冻结也可以分为浅表冻结和深度冻结，后者需要对对象的属性递归进行，适用于嵌套的数组和对象；前者则不用，适用于非嵌套的，或者说扁平的数组和对象。

```
export const freeze = bind(Object, Object.freeze);

export function freezeDeep(obj) {
    searchTreeIterative(false, values, freeze, obj);
    return obj;
}
```

freezeDeep 用到的搜索树函数 searchTreeIterative 将在第 7 章中详细介绍。

6.3.7 不可变的数据结构

本质上，使用可变数据类型引起的不良后果，是副作用的一种表现形式。从 6.3.5 节，我们可以看出，在使用可变类型的数据出问题的场合，这些数据都同时绑定于多于一个的名称，即 1.1 节中介绍的别名现象。此时使用任何一处名称的代码，都没有意识到该名称所绑定的数据会在其他地方被改变。实际上，要让程序员时刻清楚当前程序中某个数据所绑定的所有名称所在的位置和使用情况，是几乎不可能的，也不应该的（想一想使用这些名称的代码还可能是出自不同人之手，比如分别位于一个脚本库和使用它的应用程序）。所以只要可变类型的数据有别名，就是代码中隐藏的炸弹，一旦有人在某一处修改了数据，炸弹就被引爆。而 JavaScript 中所有的数据都是引用类型的（即使不是如此，像在其他语言中那样，复合类型的数据通常也是引用类型的，所以只要复合类型的数据是可变的，问题就会存在）。这意味着绑定了可变类型数据的变量只要有相互赋值、参数传递或者接收了函数返回闭包中的对象中的任何一种行为，就会产生别名，后两种行为导致的还是位于不同函数的别名。

在 6.3.6 节的末尾，已经给出了彻底摆脱可变类型的数据导致的问题的方法的启示。冻结是要让数据变得不可修改，但是它需要程序员特意调用，更理想的方案是从源头上限制数据的可变性——让复合类型的数据不可变。值得再次指出的是，虽然在防止数据变化方面，许多编程语言已经在语法上做了设计——引入常量。但是常量只能保证它所绑定的值不会被更换，若该值本身是可变的，如对象和数组，依然可以被改变，JavaScript 中的 const

关键字也是如此。

对于习惯了可变的复合数据类型的人来说，不可变的复合类型听上去有些不可思议。简单类型是不可分的，要改变它就意味着整体更换。复合类型在结构上是可分的，属性就代表其部分。假如一个复合类型的实例是不可变的，需要修改其属性，而不是整个替换时怎么办？答案是创建一个包含新属性值的实例，其未修改的部分和原实例相同。

```
function newTime(hour, minute, second) {
    return {
        hour: hour,
        minute: minute,
        second: second
    };
}


function setHour(hour, time) {
    return newTime(hour, time.minute, time.second);
}


let t1 = newTime(13, 45, 26);
let t2 = setHour(8, t1);
f.log(t1, t2);
//=> {hour: 13, minute: 45, second: 26} {hour: 8, minute: 45, second: 26}
```

上面例子中的时间对象是一个复合类型，包含 hour、minute、second 这 3 个属性，该对象通过 newTime 函数创建，是不可变的。修改一个时间对象的 hour 属性需要调用 setHour 函数，返回一个新的时间对象。修改 minute 和 second 的函数也可以模仿 setHour 写出。采用这些函数来修改对象时，对象具有所希望的不可变性。但是如果直接使用 JavaScript 的属性存取符语法来修改，对象则仍然是可变的。要堵住这个漏洞，有很多方法。最简单的是函数每次返回新对象前都将其冻结。

```
function newTime(hour, minute, second) {
    return f.freeze({
        hour: hour,
        minute: minute,
        second: second
    });
}


const t1 = newTime(14, 26, 37);
```

```
f.log(t1.hour);
//=> 14
t1.hour = 10;
//=> TypeError: Cannot assign to read only property 'hour' of object
'#<Object>'
```

一种类似的方法是利用 `Object.defineProperty` 为对象定义只读的属性。

```
export function addReadOnlyProp(obj, name, value) {
    let desc = {
        enumerable: true,
        configurable: false,
        writable: false,
        value: value
    };
    return Object.defineProperty(obj, name, desc);
}


export function readOnly(obj) {
    let ret = {};
    forEach((name) => addReadOnlyProp(ret, name, obj[name]), keys(obj));
    return ret;
}



function newTime2(hour, minute, second) {
    return f.readOnly({
        hour: hour,
        minute: minute,
        second: second
    });
}

const t2 = newTime2(14, 26, 37);
f.log(t2.hour);
//=> 14
t2.hour = 10;
//=> TypeError: Cannot assign to read only property 'hour' of object
'#<Object>'
```

另一种思路是用方法将字段包装起来。对象的字段会被写入，方法则一般不用担心被修改（因为它们通常不应该被修改，若发生则要么有正当的理由，要么是代码出错）。

```
function newTime3(hour, minute, second) {
    return {
        hour: () => hour,
        minute: () => minute,
        second: () => second
    };
}


const t3 = newTime3(14, 26, 37);
f.log(t3.hour());
//=> 14
```

这种做法的缺点是字段在形式上与方法混淆，所以 JavaScript 也引入了由存取函数定义的属性，这样只要为某个属性仅定义 getter，该属性就是只读的。

```
function newTime4(hour, minute, second) {
    return {
        get hour() {
            return hour
        },
        get minute() {
            return minute
        },
        get second() {
            return second
        }
    };
}


const t4 = newTime4(14, 26, 37);
f.log(t4.hour);
//=> 14
t4.hour = 10;
//=> TypeError: Cannot set property hour of #<Object> which has only a getter
```

上述方案要为每个属性定义一个修改函数，如果嫌这样做太麻烦，也可以使用通用的 set 和 setIn 函数，并通过冻结使它们的返回值不可变。这些不可变复合类型的主要缺点是每次修改对象需要复制未被修改的属性，时间和空间上的成本将随着对象变大而增长。

设想一个有 1000 个键值对的映射或者有 2000 个元素的数组,仅仅因为修改一个成员,就要复制其余所有成员。所以除非能避免这种低效的复制,不可变的复合类型就不可能被普遍应用。

6.3.8 不可变的映射与数组

幸运的是,计算机科学家们想出和实现了无须整体复制的不可变的复合类型。奥妙在于这些复合类型采用树的结构,也就是用指针和节点来构建,当要修改某个节点或子树代表的属性时,可以仅仅创建新属性值所需的部分节点,代表未被修改的属性的节点在新的实例中仍然通过指针被复用。换句话说,一个节点可以被任意多个实例共用,只要该节点及其子节点代表的属性在这些实例中是相同的,这种技术称为结构共享(Structural sharing)[①]。如图 6.1 所示,xs 是一个这样的树结构,它的根节点是 d,包含 a、b、c、f、g、h 等子节点。现在需要在 f 节点的下面附加一个新的 e 节点,树 xs 不会被就地修改,而是创建一个新的树 ys。e 节点是新建的,f 因为子节点有变化需要新建,同理g 和根节点 d 也需要新建。而 xs 的其他结构,包括 a、b、c 和 h 都可以被复用。要修改的节点越深,需要新建的节点越多。图 6.1 中假如要修改的是 g 节点,新的树就只需要创建对应于 g 和 d 的两个新节点。

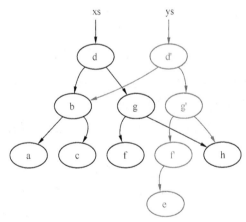

图 6.1　结构共享的树

要想让映射和数组能利用结构共享,首先要用合适的树来实现这两种数据类型。这种树称为 Trie 或者前缀树、字典树,为了便于理解,我们先来看用它实现的数组。数组可以看作一种特殊的映射,其中的键是连续的数字(常称为索引),并且经常需要按照数字索引的顺序来存取元素。图 6.2 示例了如何用 Trie 树结构来实现一个长度为 8 的数组。Trie 树

---

① 实际上 setIn 函数也利用了有限的结构共享,读者能看出来为什么吗?

的枝节点用方块表示，叶结点用椭圆代表。以二进制来表示，数组的每个索引需要 3 个数位。我们把 Trie 结构的每个节点分成两个单元，每个单元容纳一个数位的一种可能取值，即 0 和 1，并且有一个指针指向一个下一级节点。从根节点向下，每个层次代表索引的由高而低的一个数位。这样从根节点以下的 3 个层次的枝节点，依照每个节点选取的单元值，就能组合成 3 个数位的索引。叶结点从左向右对应的索引分别为 000、001、010、…、110、111，转换成十进制也就是 0、1、2、…、6、7。每个叶节点用于存储数组对应索引的元素。按照索引来存取元素都十分高效，并且深度搜索这个 Trie 树，遍历的叶节点的索引顺序正是 0、1、2、…、6、7，也就是数组所需的迭代顺序。

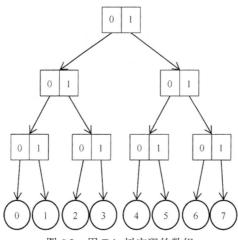

图 6.2　用 Trie 树实现的数组

再来看用 Trie 树来实现一般的映射。映射没有数组那样天然的数字索引，要想将任意类型的键转换成可操作的数字索引，需要先调用一个哈希函数，返回值就是一个固定长度的二进制数字。映射的另一个特点是其中存储的值所对应的索引不是连续的，比如说某个键 er 对应的索引是 100，但是对应于索引 101 的键 en 可能并不存在。于是，当某个枝节点的所有叶结点对应的键都不存在时，该枝节点就可以暂时不创建。当某个枝节点之下没有分支，也就是没有多于一个的枝节点或叶结点时，该枝节点也可以被省略。当然，在这两种情况下，都至少还要有一个根节点。图 6.3 就示例了一个索引值为 3 位，即最多有 8 个不同的索引值，但只保存了 4 个键值对的映射。键 a 到根节点之间的枝节点被省略了，键 k 的上一级枝节点也被省略了。

在实际的构造中，Trie 的每个枝节点会对应更多位的二进制索引，从而减少枝节点的数量和层次，进而减少树占据的空间和从根节点定位到某个叶节点所需的时间。例如枝节点的每个单元对应 4 个二进制位，每个枝节点就有 16 个下级节点，那么只要 8 级枝节点就可以对应 32 位的二进制索引，也就是可以容纳 2 的 32 次方个值的数组和映射。而如果采用如图 6.3 所示的二叉 Trie 树，则从根节点到叶节点需要经过 32 次跳转。

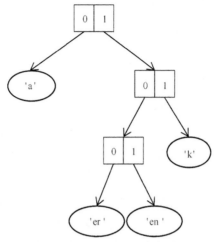

图 6.3 用 Trie 树实现的映射

Clojure 和 Scalar 等编程语言中的复合类型就是采用 Trie 结构实现的。JavaScript 天生没有这么高级的不可变类型，不过这不妨碍程序员自己动手。Immutable.js 和 mori 就是 JavaScript 社区根据以上原理开发和支持的两个不可变复合类型的脚本库。前者是由 Facebook 公司推出的，并且广泛应用于 React 等受欢迎的脚本框架。下面通过一个简单的例子来看其中不可变的映射类型。

```
//Immutable.js 为了照顾 JavaScript 程序员的习惯，提供的各种
//类型都采用与原生类型尽量一致的接口，即都是以对象和方法的
//形式供用户调用。后来虽然增加了函数接口，如 get、set 函数，
//但是其参数的顺序不符合函数式编程的惯例，所以这里使用的函数
//仍然而是通过所属对象的函数化获得。
const get = f.invoker('get'), set = f.invoker('set');
let t1 = Immutable.Map({hour: 13, minute: 45, second: 26});
let t2 = set('hour', 8, t1);
f.log(f.get('hour', t1), f.get('hour', t2));
//=> 13 8
```

顺便一提，函数既然被当作不可变的类型，只读的数组和结构体可以视为定义域为特定集合的函数，因此也是不可变的。可变的数组和映射，则可以看成是每次改变就变成了一个新的函数。

6.3.9　不可变类型的其他好处

不可变类型最主要的好处是防止别名数据之间的干扰。利用结构共享技术实现的不可变类型，既能够让使用者放心修改，又具有不逊色于可变类型的性能。值得指出的是，不可变类型的好处还不仅限于此。

不可变类型具有持久性（Persistency），意思是一个数据实例被修改后，仍然可以读取它修改前的状态。可变类型的数据就地修改，修改前的状态被覆盖了。不可变类型的数据在修改时会创建新的实例，旧的数据完整未变。这种特性在需要记录和比较数据的变化时十分有用。

不可变类型将复合数据实例之间的相等性简化为同一性，也就是说两个实例是否相等等价于它们是否指向同一个实例。对于可变类型的数据，一个实例的身份（Identity 表现为它的引用或者说地址）始终未变，但是它的内容可以改变；此外，两个实例的身份不同，但是它们的内容可能一模一样。对于不可变类型，结合变量的引用模型，可以使每个数据只有一个实例，一旦要修改它，就变成了另一个实例。在复合数据实例之间进行相等性检查时，可变和不可变类型之间的差异将得到体现。

回想 4.3.4 节介绍的记忆化函数 memoize 的实现机制，记忆化的函数每次被调用时，首先在作为缓存的映射中以参数为键来查找，假如找到了，就说明该函数曾经以同样的参数被调用过。这里的关键是这次调用的参数和以往调用的参数之间的相等性检查。映射进行的相等性检查是以 JavaScript 的严格相等为标准，对于数组和对象，就是看两个实例的同一性。一方面，这会导致假阴性。设想某次函数调用的参数是数组[1, 2, 3]，下一次该函数调用的参数是另一个数组，但内容也是[1, 2, 3]，两次调用的参数将被判定为不相等，第二次调用无法利用缓存中的结果。另一方面，这会导致假阳性。设想某次函数调用的参数是一个变量指向的数组[1, 2, 3]，下一次函数调用时仍然传入该数组，但是数组的内容已经被修改为[1, 2, 4]，两次调用的参数将被判定为相等，第二次调用将错误地返回缓存中的结果。

假如将函数的参数全部换成不可变类型，假阴性和假阳性的问题都将消失。两次函数调用的参数如果内容相同，就必然是同一实例，因而第二次调用可以利用缓存中的结果。第一次函数调用之后，如果作为参数的数组被修改，就会产生一个不同的实例，第二次调用时将会判定为没有以同样的参数调用过该函数，因此不会错误地返回缓存中的结果。当然，JavaScript 中的不可变的数组和对象是用可变的对象后天构造出来的，两个对象的身份不同，内容仍然有可能相同，所以假阴性的问题依然会发生。不过，JavaScript 中的字符串却是先天的不可变类型，并且通过应用字符串的驻留（String interning），保证了两个字符串假如内容相同，就会指向同一个实例①，这就大大简化和加速了字符串的相等性检查。

『 6.4 小结 』

本章的核心内容是副作用。消除副作用，既是函数式编程的理念，也是它的优势。在一门非专门为函数式编程而设计的语言中，完全避免副作用是不现实的，也是没有必要的。我们把精力集中于在函数层面消除副作用，这样做的结果就是纯函数。

另一个与函数式编程紧密相连的概念是不可变的数据类型。通过修改有别名的数据，可变的类型会导致副作用。数据的可变性，与其是简单还是复合类型，值还是引用类型都有关系。不可变的数据结构的特点和实现的关键是每当需要修改其某个属性时，不是就地修改，而是生成一个包含新值的实例，原有的实例保持不变。JavaScript 中最常用的数组和通用的对象默认状态下都是可变的，虽然可以借助冻结和克隆手工弥补其缺点，但更系统的方案还是使用提供了自定义的不可变类型的脚本库。

在下一章中，我们将介绍函数式编程中进行重复计算的方式——递归，并把它与命令式编程中的迭代做对比。

---

① 字符串的驻留在 JavaScript 引擎中的实现程度不同，不过一般字面值都会被覆盖。

第 7 章

递归

王二、张三和赵四一日无聊，决定玩击鼓传花讲冷笑话的游戏。王二和张三围成一圈传花，赵四负责击鼓。张三接连讲了几个笑话。花停在了王二的手中。

王二：这个笑话很短。你要保证听完后不生气我就说。

张三：你说吧。

王二：张三。

张三：怎么了？

王二：笑话说完了，就两个字。

张三欲发怒。

王二：唉，你刚才说好了不会生气的。

张三只好作罢。新一轮开始，花又停在王二的手中。

王二：张三不是个笑话。

张三再次欲发怒。

王二：别生气，我说的是冷笑话，就表示不好笑啊。

花又一次停在王二的手中。

王二：[张三不是个笑话]不是个笑话。

第四次花停在王二的手中。

王二：[[[张三不是个笑话]不是个笑话]不是个笑话]。

……

〖 7.1 调用自身 〗

函数调用是代码中再平凡不过的事，但当调用者和被调用者是同一个函数时，就形成了一种特殊的模式。递归指的是在一个函数的代码中直接或间接调用该函数自身。大多数情况下，递归的函数都是直接调用自身，如下面这个求 1 到某自然数之和的函数。

```
function sumTo(num) {
    if (num === 1) {
        return 1;
    }
    return num + sumTo(num - 1);
}


f.log(sumTo(100));
//=> 5050
```

间接递归指的是这种情况：有一组函数，其中每个都调用其他一个或更多的函数，因为这一组函数的数目是有限的，所以每个函数必然在有限次调用后调用到自身。最简单的情况是两个函数相互递归调用。

```
/*
isEven 和 isOdd 两个函数相互递归调用，分别判断某个自然数的奇偶性。
 */
function isEven(num) {
    if (num === 0) {
        return true;
    }
    return isOdd(num - 1);
}

function isOdd(num) {
    if (num === 0) {
        return false;
    }
    return isEven(num - 1);
}


f.log(isEven(10));
```

```
//=> true
f.log(isOdd(10));
//=> false
f.log(isOdd(5));
//=> true
```

用同样的思路，也能写出分别判断一个自然数对于模 3 与 0、1、2 同余（即除以 3 的余数分别是 0、1、2）的 3 个间接递归调用的函数。

```
/*
下面 3 个函数的名称分别为"对于模 3 与 0、1、2 同余"的英文。
 */
function congruentTo0modulo3(num) {
    if (num === 0) {
        return true;
    }
    return congruentTo2modulo3(num - 1);
}


function congruentTo1modulo3(num) {
    if (num === 0) {
        return false;
    }
    return congruentTo0modulo3(num - 1);
}


function congruentTo2modulo3(num) {
    if (num === 0) {
        return false;
    }
    return congruentTo1modulo3(num - 1);
}


f.log(congruentTo0modulo3(3));
//=> true
f.log(congruentTo1modulo3(4));
//=> true
f.log(congruentTo2modulo3(7));
//=> false
```

有兴趣的读者可以尝试更大的模，练习这种不同寻常的函数编写方式。

可以将一个间接递归的函数中对其他函数的递归调用内联化，转化成直接递归的函数。例如下面这个判断某自然数能否被 3 整除的函数，就是由 congruentTo0modulo3 转化而来的。

```
/*
将 congruentTo0modulo3 函数中对其他两个函数的调用内联化。代码本可以简化，
保留现在的样子是为了凸显内联。
 */
function divisibleBy3(num) {
    if (num === 0) {
        return true;
    }
    if (num - 1 === 0) {
        return false;
    }
    if (num - 1 - 1 === 0) {
        return false;
    }
    return divisibleBy3(num - 1 - 1 - 1);
}

f.log(divisibleBy3(3));
//=> true
f.log(divisibleBy3(4));
//=> false
f.log(divisibleBy3(101));
//=> false
```

不进行这种转换的原因有如下两种。

（1）相互递归的一组函数的每一个都是有用的，会被外界调用，因此有独立存在的价值。

（2）这组函数中只有一个或少数几个会被外界调用，但是其内部逻辑较复杂，于是将包含调用自身的部分代码提取成函数。这些函数不对外公布，与原本暴露在外的函数相互递归调用。

因为这两种条件并不常见，所以间接递归的函数远不如直接递归普遍。

7.1.1 递归的思路

　　一个函数的逻辑是假如单纯调用它自己，就会无休止地进行下去，得不出任何结果。所以所有有用而有穷的递归必然有一个终止情况，此时简单返回；而在此以外的情况，则递归调用。递归代码的这种结构还可以从递归的思路来理解。当遇到一个复杂的问题时，将它化简成一个较简单的问题，如果可能，重复这个步骤，直到问题变得十分简单，可以直接解决。这是人类解决问题的一种通用思路。递归正是运用这一思路，将问题之解决拆分成两条路径。

　　一条是初始路径，通常是一个 if 语句，其条件表达式根据函数参数决定是否进入终止情况，若是，其中的语句就不再递归调用而返回，剩余的代码组成递归路径。这部分算法要做的是将当前问题化约成较简单的问题，特征是不试图正面地一步解决问题，而是将其视为一序列同构问题中的一个，解决该问题所用的模式将序列中前一个问题的解决作为条件，而这个模式同样适用于解决这前一个问题，以至再前一个……直至序列中的最初若干问题由初始路径解决。

　　递归路径的算法只能做这样高度抽象的描述，其中所用的模式根据具体问题有各种各样的形式。之前列出的 sumTo 函数所用的模式就属于一种典型：用当前参数值计算出一个片段的、部分的、增量的结果，再以某种方式递变参数值，用这个新的参数值调用函数自身，最后将增量的结果叠加到递归调用的返回值上，然后返回。

```
//带有注释的 sumTo。
function sumTo(num) {
    // 终止情况的条件为 num === 1。
    if (num === 1) {
        // 终止情况下的返回值。
        return 1;
    }
    // 其他情况下的递归调用。增量结果为 num，参数递变方式为减 1，叠加方式为相加。
    return num + sumTo(num - 1);
}
```

　　开始写递归的代码时，不少人还不习惯这种陌生的思考方式，注意力集中于怎样使代码符合递归的规定——函数通过调用自身来完成计算。怎样递变参数，如何叠加结果，何时简单返回，结果写出的函数确实包含这些要素，但是逻辑却不够清晰，而这恰恰是递归算法突出的特点和魅力之一。最常见的问题是代码先处理递归调用的情况，再处理终止情况。例如下面另一种写法的 sumTo 函数。

```
//不符合范式的递归函数写法。
function sumTo(num) {
    if (num > 1) {
        return num + sumTo(num - 1);
    }else {
        return 1;
    }
}
```

将处理终止情况的代码称作初始路径，有两点原因。

第一点，递归函数要解决的问题之复杂往往（不必然）体现在参数数据上，终止情况处理的是最简单的问题，这样符合其条件的数据也是最简单的，如自然数中的 1、数组中只包含一个元素的数组，因此将处理这些初始数据的代码路径称为初始路径。

第二点，也是更重要的一点，初始路径应该被置于函数的起始处。按照先初始路径、后递归路径的顺序写代码，有诸多好处。首先，初始路径对应着问题最简单的情况，代码也简单，将它放在函数的开始处既符合先易后难的思维习惯，也确保了此时的函数至少能正确处理最简单的情况。其次，初始路径是递归路径的基础，后者经过数次调用，最终总是要进入前者，先写初始路径不易发生写完较难的递归路径后遗忘前者的情况。最后，按照这个顺序编写的递归算法，逻辑清晰，在习惯了递归的思路之后，无论是读还是写这样的代码都十分轻松。这一点，即使是对于代码很简单的 sumTo 函数，对比前后两种写法，也能看出来。

另外，写法上还有一点技巧是初始路径中的 if 语句，因为包含返回语句，所以无须附加 else 从句。初始路径结束于 if 语句，编写后面的递归路径时可以当前者不存在。

7.1.2 带累积参数的递归函数

我们来看一个对数组进行映射的函数，解决问题的模式和 sumTo 一样。

```
export function mapArray(fn, arr) {
    if (arr.length === 1) {
        return [fn(arr[0])];
    }
    return prepend(fn(first(arr)), mapArray(fn, rest(arr)));
}

let str = 'lowercase';
let arr=str.split('');
```

```
    f.log(f.mapArray(f.toUpperCase, arr));
    //=> ["L", "O", "W", "E", "R", "C", "A", "S", "E"]
```

增量值由函数 fn 获得，递归调用的返回值是一个数组，用 prepend 函数将两者叠加到一起。

我们再来看 mapArray 函数的另一种写法。

```
export function mapArray2(fn, arr) {
    function _map(fn, arr, accum) {
        if (isZeroLength(arr)) {
            return accum;
        }
        return _map(fn, rest(arr), append(fn(first(arr)), accum));
    }

    return _map(fn, arr, []);
}
```

在 mapArray2 内部定义了一个函数 _map，实质的运算都在它里面完成，mapArray2 只需简单调用这个函数。_map 与 mapArray 相比有一些有趣的差异。_map 增加了一个形式参数 accum（Accumulator 累积值的缩写）。原来的两个参数都是运算中用到的数据，在递归调用中传递，accum 则是用于累积计算结果的。在 mapArray 中，递归调用的返回值要和增量值叠加。在_map 中，和增量值叠加的则是累积参数 accum，叠加在递归调用之前就已完成。累积参数在每次递归调用被_map 接收时，已经包含了至此的所有计算结果，这使得在初始路径中，函数的返回值是现成的累积参数。这个返回值在以递归调用相反的顺序逐级返回时，无须像在 mapArray 中那样每一级都要参与计算得出下一级的返回值。图 7.1 能清晰地显示两者的差异（图中用 mapArray2 代表_map，以便与 mapArray 对比）。

与 sumTo、mapArray 共用的模式一样，mapArray2 所用的带累积参数的模式也是一种典型。它的好处之一是初始路径的代码格外简单，只需返回累积参数，所有计算都集中于递归路径，而在前者的模式下，初始路径的返回值有时也要计算得出。更关键的是代码形式上的一点差异：带累积参数时，递归路径返回的就是简单的下一次调用函数自身的返回值；而无累积参数时，递归路径返回的是递归调用返回值和增量值的叠加结果，无论是通过操作符构成的表达式，还是使用函数来叠加，形式上都不再是单纯的返回值。这一点在本章后面介绍尾部调用优化时有很大意义。

对一个函数的调用者来说，无论函数内部采用何种算法，函数的形式参数都应不受影响。

因此，采用带累积参数的模式时，都会在供外部使用的作为接口的函数里定义一个内部函数，它的形式参数列表包含累计参数，包含实质的运算。接口函数通过调用内部函数完成功能，它的形式参数列表保持不变。依照 JavaScript 的作用域规则，内部函数的代码能访问接口函数接收到的参数。若某个参数在内部函数的递归调用中值有变化，如递变的数据，当然要包括在内部函数的形式参数列表中。而那些仅仅被读取，值没有发生改变的参数，则内部函数的形式参数也可以省略。例如，mapArray2 的内部函数可以省略 fn 参数：

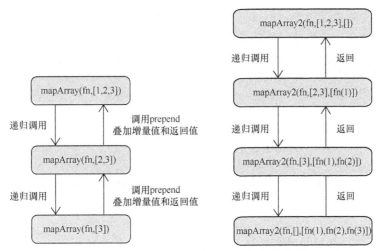

图 7.1　不带累计参数的递归函数和带累计参数的递归函数

```
export function mapArray2(fn, arr) {
    return _map(fn, arr, []);

    function _map(arr, accum) {
        if (isZeroLength(arr)) {
            return accum;
        }
        return _map(fn, rest(arr), concat(accum, fn(first(arr))));
    }
}
```

原先的代码没有省略参数，因为这样的内部函数更完整，接口函数调用内部函数时，所有信息都通过参数传递。再加上代码中操作数组时有意使用不改动参数的 rest 和 concat 函数（而非 shift 和 push），使得内部函数符合纯函数的标准。

内部函数的两个参数本可以在代码中被改动，而不会带来副作用。对 arr 可以在接口函数内先做一个副本，再传递给内部函数，内部函数里对副本的改动不会影响到接口函数以外的世界。对 accum 的改动只会传递给内部函数的下一次递归调用，递归调用所在的是

返回语句，之后没有代码会用到被改动的 accum。而接口函数调用内部函数时，传入的
accum 参数是没有被任何变量容纳的数据，也就不会有副作用。

当然，写所有函数时都尽可能地遵循纯函数的标准是好习惯。唯一的问题是 JavaScript
中的数组是可变的数据结构，rest、prepend、append 这些函数不改动参数的代价是创
建一个新数组并复制元素，这在性能上就比 shift 和 push 这样直接改动参数数组的函数
差。一个变通的方法是保持原数组不变，而是改动当前被处理元素的索引，因为索引是数
字，属于不可变的数据类型，所以任何改动都不会有副作用。另外，累计参数数组虽然在
函数内被直接修改，但当它被修改时，已经没有任何代码需要访问它原来的值，所以此处
的副作用也不会有危害。于是我们有了 mapArray 函数的第 3 个版本：

```
export function mapArray3(fn, arr) {
    function _map(fn, arr, index, accum) {
        if (index === arr.length) {
            return accum;
        }
        return _map(fn, arr, index + 1, push(fn(arr[index]), accum));
    }

    return _map(fn, arr, 0, []);
}
```

这里顺便指出，假如代码中的 index + 1 用 ++index 替换，就会出错。原因是同一
行代码加后面还用到了 index 的值。++操作符的本意是用++val 简化赋值语句 val = val
+ 1，之后的代码应该使用 val 的值。如果直接使用++val 的值，就类似于把++作为一
个函数，而这个函数是有副作用的，即在被调用之后，参数 val 的值也已改变，也就可能
出现上面的错误。

7.2 递归的数据结构

迄今为止，我们都是将递归视为一种解决问题的思路，问题被一路化约为更简单的形
式。假如换一个角度，递归又是一种构建的方法，从简单的起点开始，重复施加某一模式，
每递归一次，结果就复杂一层。下面我们就来看看递归在构建数据结构时的应用。

7.2.1 构建列表

在代码中，我们可以用一个变量来容纳单个变化的值，如数字、字符等。但很多时候，

需要处理的是多个值。这些值的数量不确定，处理它们的逻辑却是同样的，以此组成一个集群（Collection）[①]。针对具有不同行为特性的集群，计算机语言需要用不同的数据结构来表示。列表（List）就是其组成元素有序且数量有限的集群。

　　列表可以用一种简单而优美的方式来构建。定义一个由两个值组成一个双对（Pair）的函数，再加上一个空列表，就可以递归地构建出包含任意多元素的列表。包含一个元素的列表由该元素和空列表组成双对，包含两个元素的列表由其中一个元素和上一步骤产生的列表组成双对，依次类推。下面就用 JavaScript 来实现这种列表[②]。

```
export const EMPTY_LIST = [];

const FIELDS = {
    HEAD: 'head',
    TAIL: 'tail',
    LENGTH: 'length'
};

export function newPair(v1, v2) {
    return f.freeze([v1, v2]);
}

export function head(pair) {
    return pair[0];
}

export function tail(pair) {
    return pair[1];
}

/*
试图修改双对的属性时，创建新的双对，从而使双对成为不可变的数据结构。
```

[①] 集群概念的唯一内涵就是它是与单个值相对的，可以包含多个元素。本书采用集群这个术语，而不是有些地方用的集合，是为了与作为集群之一种的集合（Set）类型区分，"集"反映 Collection 在英文中的意思，"群"表示其中元素的数量。

[②] 双对既可以用包含特定字段的对象来模拟，也可以用长度为 2 的数组来模拟。两者各有优劣。采用前者时，可以突出构成双对的字段名称，判断一个对象是否为双对需要检查组成它的字段是否存在；采用后者时，则需要检查对象是否为数组和它的长度。这里采用数组来模拟。下面这些关于列表的代码在语义上与 Lisp 中的列表类似，如空列表以外的列表都是双对，空列表的长度为 0 等。在命名上则更符合当代函数式编程语言和 JavaScript 的惯例，如用 pair 取代 cons，head 取代 car。

```
 */
export function setHead(pair, val) {
    return newPair(val, tail(pair));
}

export function setTail(pair, val) {
    return newPair(head(pair), val);
}

export function isPair(val) {
    return f.isArray(val) && val.length === 2;
}


export function newList(...args) {
    let len = args.length, ret = EMPTY_LIST;
    while (f.gt(len, 0)) {
        ret = newPair(args[f.sub(len, 1)], ret);
        len--;
    }
    return ret;
}

export function isEmpty(val) {
    return val === EMPTY_LIST;
}

export function isList(val) {
    if (!isPair(val)) {
        if (isEmpty(val)) {
            return true;
        } else {
            return false;
        }
    }
    return isList(tail(val));
}

export function length(list) {
```

```
        function _length(list, accum) {
            if (isEmpty(list)) {
                return accum;
            }
            return _length(tail(list), f.add(1, accum));
        }

        return _length(list, 0);
    }
```

列表虽然是用双对构建的，但只有当最尾部的元素是空列表时，才是合格的列表。pair(1, 2)只是包含 1、2 两个数字的双对，pair(1, pair(2, EMPTY_LIST))才是包含 1、2 两个数字的列表。这一要求既使得所有非空列表在构建上遵循同一原则，也给出了遍历列表时判断是否到末尾的标志。列表是以递归的方式构建的，因而也能用递归的方式编写处理列表的各种函数。判断一个值是否列表的 isList 函数就是一个简单的例子。

双对被有意编写成不可变的数据结构，由它构建的列表从而也是不可变的。改动列表的成本与改动发生的位置大有关系。在列表开始处添加一个元素的 prepend 仅仅需要将该元素和列表组成一个新的双对，在列表结尾处添加一个元素的 append 函数就不得不从尾到头重建一遍组成列表的所有双对，如果在列表中间修改或插入元素则可以复用其后的双对，而需要重建它之前的。

```
export function first(list) {
    return head(list);
}

export function rest(list) {
    return tail(list);
}

/*

获取列表最末尾的元素。
 */
export function last(list) {
    if (isEmpty(tail(list))) {
        return head(list);
    }
    return last(tail(list));
```

```
    }


    /*

    创建一个比原列表长度小 1 的列表，从头至尾的元素都和原列表一样。
     */
    export function initial(list) {
        if (length(list) === 1) {
            return EMPTY_LIST;
        }
        return newPair(head(list), initial(tail(list)));
    }


    /*
    往列表末尾处添加元素。
     */
    export function append(list, elem) {
        if (isEmpty(list)) {
            return newPair(elem, EMPTY_LIST);
        }
        return newPair(head(list), append(tail(list), elem));
    }


    /*
    往列表开头处添加元素。
     */
    export function prepend(list, elem) {
        return newPair(elem, list);
    }
```

这种用双对构建的列表可以称为链接表（Linked list），C 语言中用数据结构和指针以及 Java 中用对象实现的链接表原理上都与此一致。

7.2.2 树

构建列表时，递归的"方向"是固定的，也就是说对于列表中嵌套的双对，每一个双对内的更深一级双对都是外围双对的第二个参数。用中括号来代表双对，形式上就像下面的符号序列。

```
[1, [2, [3, [4, [5, []]]]]]
```

如果允许同时向另一个方向递归，也就是说任意级双对的第一个参数也是双对，双对的两个参数都能扩展成列表，这些子列表的元素又能扩展成列表。于是我们从简单的双对构建出一个更复杂的数据结构——树。双对、列表与树的关系总结如下：

> 双对
>
> 单方向地递归双对　→　列表
>
> 双方向地递归双对　→　树（包含列表的列表）

以这种方式来表示树，每当一个父节点有超过一个子节点时，需要将指向某个子节点的分支视为"主干"列表，父节点和其他分支作为整体是主干列表上的一个元素，从这个元素中再拆分出主干列表，这个过程持续到父节点和剩下唯一的分支组成一个列表。以图7.2为例，根据主干的不同选择，图中的树有多种列表的表示形式。若始终选择较左侧的分支为主干，对应的列表为：

```
[ [ [1, [4, []]], [3, [6, []]], [5, []]], 2, []]
```

若始终选择较右侧的分支为主干，对应的列表为：

```
[ [ [1, [2, []]], [3, [5, []]], [6, []]], [4, []]]
```

此外还有 4 种可能的列表，有兴趣的读者可以试一试。

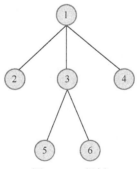

图 7.2　一棵树

树虽然看上去比列表复杂，但构建的原理和方法还是一样的——双对函数和递归。所以遍历树也可以用和遍历列表类似的技巧实现，只不过因为树中的双对的两个字段都可能是双对，所以代码中出现两次递归调用：

```
export function walk(tree, callback) {
    if (isEmpty(tree)) {
        return;
```

```
    }
    let cur = head(tree);
    if (isList(cur)) {
        walk(cur, callback);
    } else {
        callback(cur);
    }
    walk(tail(tree));
}
```

7.3 递归与迭代

无论是解决问题，还是构建数据结构，递归的本质是重复。而说到重复，大部分程序员（至少那些不是每天进行函数式编程的人）更熟悉的是另一种方式——迭代。对迭代的分析和它与递归的比较对深入认识两者都有好处。

7.3.1 名称

递归和迭代分别译自英文的 Recursion 和 Iterate。Recursion 意为返回或从头进行的动作或过程，它的动词形式 Recur 是日常用语，意为重现、屡次发生，形容词形式 Recursive 和名词形式 Recursion 在计算机专业内就指函数调用自身。这个术语翻译成递归，精确传神。

Iterate 在英文中日常使用时意为重复说或做，它以及形容词形式 Iterative 和名词形式 Iteration，引申到程序中就指循环中的代码重复运行。迭代在中文中本指交换替代，如庾信《哀江南赋》"山岳崩颓，既履危亡之运；春秋迭代，必有去故之悲。天意人事，可以凄怆伤心者矣！"，所以若不熟悉它在计算机领域的含义，就容易有望文生义的误解。

7.3.2 理念与对比

遍历一个集群是展现递归和迭代不同做法的绝好样例。上一节的列表数据结构是用递归方式构建的，反过来访问它的组成元素时，当然也可以用递归的方式。

```
export function forEach(list, callback) {
    if (isEmpty(list)) {
        return;
    }
```

```
        callback(head(list));
        forEach(tail(list), callback);
    }
```

使用列表时，往往需要获取其中单个元素。列表中的元素是有序的，因此一个自然的想法就是用数字作为这些元素的索引。按照惯例，数字 0 对应列表中的第一个元素，数字 1 对应第二个元素……这就有了下面的 nth 函数。

```
export function nth(list, index) {
    if (index === 0) {
        return head(list);
    } else if (f.gt(index, 0)) {
        return nth(tail(list), f.sub(index, 1));
    } else {
        //index 为负数时
        return nth(list, f.add(length(list), index));
    }
}
```

利用 nth 函数就能对列表写出我们熟悉的 for 循环，而这正是迭代的方式。

```
let list = l.newList(1, 2, 3), arr = [];
for (let i = 0; i < l.length(list); i++) {
    f.push(l.nth(list, i), arr);
}
f.log(arr);
//=> [1, 2, 3]
```

采用迭代时，遍历集群中元素的方式是获取单个元素，再通过循环获得下一个元素；采用递归时，方式是截取单个元素，再将包含其余元素的集群作为参数传递回递归函数。两者都需要获取集群未被遍历部分的第一个元素，这个元素在迭代里是对应当前数字索引（或稍后介绍的迭代器的 next 方法所返回）的，在递归里是集群的"头"元素，如对列表应用 head 函数或树的当前节点。接下来，迭代以同样的方式获取下一个元素，递归则通过调用自身将同样的逻辑重复应用到包含头元素以外的"尾"集群。迭代重复的机制是从循环代码的底部跳回到顶部，递归重复的机制是调用函数自身，两者异曲同工。只不过前者在每一次循环时代码在原地处理相同的数据，后者的函数在每一次递归时调用堆栈增加一帧，处理的则是从参数传入的新数据。

命令式编程倾向于使用迭代，函数式编程倾向于使用递归。这不仅因为迭代涉及详细地指定程序运行的步骤，更符合命令式编程的理念，还由于迭代需要借助可变的状态。而函数式编程在理念上要求尽可能减少状态变化，有些函数式语言甚至不允许变量存在，变量以两种方式被取代。当状态只需经历确定的有限次变化时，每次的新值都被赋予一个新的常量。当状态需要经历不确定的或很多次变化时，即迭代中变量遇到的情况，不可能人工为每次的新值赋予一个新的常量，解决的办法就是递归，将状态的改变通过函数参数来实现——参数值在函数内部不改变，需要改变时则再次调用函数，将新值传递给它。

两种方式的对比，可以用表 7.1 来概括。

表 7.1　迭代与递归的对比

迭　代	递　归
循环	函数调用
原地运行	随递归调用和返回而伸缩的调用堆栈
同一变量中的可变状态	通过参数传递的不可变状态
命令式编程	函数式编程

递归与迭代的表现力相同。换言之，递归的代码都可以用迭代的方式改写，迭代的代码也都能用递归的方式改写。这实际上反映的是更深刻的邱奇－图灵论题（ChurchTuring thesis），即命令式的图灵机和函数式的 lambda 表达式的表现力相同，它们都可以被用来定义可计算的问题。

sumTo 函数很容易以迭代的方式改写。

```
function sumToIterative(num) {
    var result = 1;
    while (num > 1) {
        result += num;
        num--;
    }
    return result;
}


f.log(sumToIterative(100));
//=> 5050
```

再比如，求两个自然数最大公因数的递归和迭代算法。

```
function gcd(a, b) {
    var c = a % b;
    if (c === 0) {
        return b;
```

```
    }
    return gcd(b, c);
}

function gcdIterative(a, b) {
    var c = a % b;
    while (c !== 0) {
        a = b;
        b = c;
        c = a % b;
    }
    return b;
}

f.log(gcd(8, 3), gcdIterative(8, 3));
//=> 1 1
f.log(gcd(12, 8), gcdIterative(12, 8));
//=> 4 4
f.log(gcd(6, 9), gcdIterative(6, 9));
//=> 3 3
```

这些函数虽然简单，却足以从中看出递归和迭代两种算法相互转换的模式。

7.3.3　迭代协议

在继续讨论递归之前，让我们进一步分析迭代。因为 JavaScript 对迭代有原生的支持，迭代的使用很普遍，处理简单问题时也不失简洁。先来重温一下用 for 语句迭代列表的代码。

```
let list = l.newList(1, 2, 3), arr = [];
for (let i = 0; i < l.length(list); i++) {
    f.push(l.nth(list, i), arr);
}
```

for 语句的语法很紧凑，在括号里挤着声明和初始化循环变量、决定是否继续运行的检查变量、递增或递减变量 3 个表达式。有时我会忘记声明循环变量，或写错检查变量和递增变量表达式的次序，然后代码陷入死循环，费了不少力气才发现错误所在。

在一个列表内迭代的核心是依次获取其所有元素。对比 for 语句的 3 个表达式：声明的迭代变量容纳的就是列表的元素；递增或递减变量，具体化为令变量值变为下一个元素；

决定是否继续运行的检查变量，则具体化为判断当前元素是否已到列表的末尾。这里涉及列表的行为有如下 3 点：

- 获取列表的首个元素；

- 获取列表的下个元素；

- 判断是否已到列表末尾。

将这些行为标准化成迭代器协议（Iterator protocol）[①]，遵循此协议的对象就是迭代器。

迭代器协议可以有多种不同的设计。每次调用获取列表的下个元素，必然会有一个 next 方法。要获取首个元素，可以为迭代器设计一个使之状态复位的 reset 方法，迭代器处于复位状态时调用 next 方法返回首个元素。假如要对一个列表多次迭代，每次都必须从列表的首个元素开始，因此有复位能力的迭代器能够在多次迭代中复用。另一种方案是省去 reset 方法，迭代器初始状态下调用 next 方法返回的就是首个元素，以后每次迭代时重新获取列表的迭代器。判断是否已到列表末尾，也有多种选项。可以配备一个 isEnd 或 hasNext 方法，还未到列表末尾或者说还有下一个元素时，返回假值；反之，则返回真值。节省方法的方案是在 next 方法返回的值中包含这个信息，例如返回一个多值组成的元组或对象，其中一个字段容纳真正的返回值，另一个字段包含原本 isEnd 或 hasNext 方法的返回值。

因为一个函数比一个简单对象的成本高，JavaScript 选择的是最节省方法的方案。迭代器协议只规定了一个方法 next，返回的 IteratorResult 对象必须有 value 和 done 两个属性。done 属性并不指示当前值是否列表最后一个元素（如 isEnd 和 hasNext），反而是到超出最后一个的无效值时才变为 true。迭代器没有复位的方法，每次迭代时需获取新的迭代器。

依照上述迭代器协议，可以编写出返回一个列表的迭代器的函数。

```
export function iterator(list) {
    return {
        curList: list,
        next: function () {
            let isDone = isEmpty(this.curList),
                curValue;
            if (!isDone) {
                curValue = head(this.curList);
                this.curList = tail(this.curList);
```

[①] 有些编程语言使用"接口"这个意义相同的术语，如 C#、Java 语言的迭代器接口。

```
        }
        return {
            value: curValue,
            done: isDone
        }
    }
  }
}
```

直接应用迭代器，可以选择继续用 for 语句，但能更清晰体现迭代器行为逻辑的是 while 语句。

```
let list = l.newList(1, 2, 3), arr = [];
let iterator = l.iterator(list);
let cur = iterator.next();
const fn = (val) => f.push(val, arr);
while (!cur.done) {
    fn(cur.value);
    cur = iterator.next();
}
f.log(arr);
//=> [1, 2, 3])
```

当注意力集中于要对当前元素执行的逻辑时，写 while 语句时最常犯的错误是忘记在循环体尾部改变循环变量，导致又一个死循环的诞生。既然根据协议，迭代器有固定名称的方法，返回有确定属性的对象，那么使用迭代器一方的代码也就可以标准化，并且将这些重复的代码隐藏到语言内部，提供给程序员更简洁的语法，这就是语法糖（Syntactic sugar）的意义。JavaScript 中使用迭代器的语法糖就是 for...of 语句。

显然，迭代器协议不是专为列表而定的。"协议"的目的就是使代码的调用方和被调用方更好地合作，任何被调用方只要遵循某个协议，就成为了一项服务的合格提供者，能够与同样遵循该协议的调用方无缝合作。所以对其他数据结构，也可以编写相应的返回其迭代器的函数。这个行为，同样被标准化成一个协议。遵循该协议的对象，都能以标准的途径返回其迭代器，也就能够被迭代，所以该协议的名称也不令人意外——可迭代（Iterable）。

可迭代协议只规定从某个数据结构返回其迭代器的行为，虽然看似简单，但与迭代器协议相似，也有不同的设计方案，选择哪一种，受到与之配套的迭代器的影响。假如迭代器可以复位从而复用，就可以简单用数据结构的一个字段指向其迭代器；反之，则必须通过函数每次调用返回一个新的迭代器。JavaScript 采用的是后者。这又有两种选择，既可以

用对象的 `getter` 属性，也可以用方法。JavaScript 采用的还是后者。

最后一点要花心思的就是该方法的名称。为了表示该方法是供内部使用的属性，同时也为了避免被枚举或修改，采用系统符号 `Symbol.iterator` 作为该方法的名称。最终，可迭代协议规定对象的 `Symbol.iterator` 属性为一个无参数函数,该函数返回的对象遵循迭代器协议。

JavaScript 的这些内建对象都符合可迭代协议：`String`、`Array`、`TypedArray`、`Map` 和 `Set`，它们的迭代器有一个有趣的特性。

```
('abc')[Symbol.iterator]()
//=> String Iterator {  }
('abc')[Symbol.iterator]()[Symbol.iterator]()
//=> String Iterator {  }
('abc')[Symbol.iterator]()[Symbol.iterator]()[Symbol.iterator]()
//=> String Iterator {  }
let i=('abc')[Symbol.iterator]();i===i[Symbol.iterator]()
//=> true
```

从字符串 'abc' 获得的迭代器，自身也符合可迭代协议，从它获得的迭代器，仍然是可迭代的。也就是说获取迭代器的操作可以一直进行下去，这其中每一级返回的迭代器是相同的。背后的原因就是，JavaScript 内建的可迭代对象返回的迭代器都继承自一个特定的迭代器原型 `IteratorPrototype`，而该原型符合可迭代协议，其迭代器指向自身。

```
IteratorPrototype[@@iterator]() ➡ this
```

7.3.4　递归协议

迭代有了协议,各方面与其——对应的递归怎么能没有呢？参考前文遍历列表的代码，可以设计出递归协议，它包括 3 个函数 `isEmpty`、`head` 和 `tail`。任何遵循递归协议的数据结构用作参数时，都会有以下行为：若该数据结构是空的(不包含有效数据),`isEmpty` 返回 `true`，否则返回 `false`；`head` 和 `tail` 分别返回数据的头尾两个部分，尾（也可加上头）部同样遵循递归协议。这 3 个函数可直接设计成可递归对象的方法，这样就没有所谓的递归器的需要了；也可以像迭代协议那样，可递归协议的用途是返回一个递归器，递归器协议再规定上述 3 个方法。

不难看出,递归协议只是在描述从以递归方式构建的数据结构中读取数据的通用方法，若一种语言普遍采用递归的数据结构，递归协议就很有用处，但 JavaScript 没有一种内建的数据结构是以递归方式构建的，用户自定义的递归数据结构也很少，所以并没有形成公认的递归协议。

有趣的是，处理遵守迭代或递归协议的对象时，除了用原本设计的方式，也可以用对方的方式。下面的代码中，`forIterator`、`forIterable` 和 `forRecursive` 分别用于遍历遵守迭代器、可迭代和可递归协议的对象（就像列表的 `forEach` 函数一样），它们都包含名为 `iterative` 和 `recursive` 的两个函数，前者采用迭代的算法，后者采用递归的算法。

```javascript
const forIterator = {
    iterative: function (fn, iterator) {
        let cur = iterator.next();
         while (!cur.done) {
            fn(cur.value);
            cur = iterator.next();
        }
    },

    recursive: function (fn, iterator) {
        let cur = iterator.next();
        if (cur.done) {
            return;
        }
        fn(cur.value);
        this.recursive(fn, iterator);
    }
};

const forIterable = {
    iterative: function (fn, iterable) {
        forIterator.iterative(fn, iterable[Symbol.iterator]());
    },

    recursive: function (fn, iterable) {
        forIterator.recursive(fn, iterable[Symbol.iterator]());
    }
};

const forRecursive = {
    iterative: function (fn, recursive) {
        let cur = recursive;
```

```
        while (!l.isEmpty(cur)) {
            fn(l.head(cur));
            cur = l.tail(cur);
        }
    },

    recursive: function (fn, recursive) {
        if (l.isEmpty(recursive)) {
            return;
        }
        fn(l.head(recursive));
        this.recursive(fn, l.tail(recursive));
    }
};

let list = l.newList(1, 2, 3), arr = [];
const fn = (val) => f.push(val, arr);

// forIterator.iterative
arr = [];
forIterator.iterative(fn, l.iterator(list));
f.log(arr);
//=> [1, 2, 3])

// forIterator.recursive
arr = [];
forIterator.recursive(fn, l.iterator(list));
f.log(arr);
//=> [1, 2, 3])

// iterable
let iterable = {
    data: l.newList(1, 2, 3),
    [Symbol.iterator]: function () {
        return l.iterator(this.data);
    }
};

// forIterable.iterative
```

```
arr = [];
forIterable.iterative(fn, iterable);
f.log(arr);
//=> [1, 2, 3])

// forIterable.recursive
arr = [];
forIterable.recursive(fn, iterable);
f.log(arr);
//=> [1, 2, 3])

// forRecursive.iterative
arr = [];
forRecursive.iterative(fn, list);
f.log(arr);
//=> [1, 2, 3])

// forRecursive.recursive
arr = [];
forRecursive.recursive(fn, list);
f.log(arr);
//=> [1, 2, 3])
```

7.3.5　搜索树

　　让我们用一个实际问题的解法来结束对迭代和递归的对比——搜索树。树是编程中广泛使用的数据结构。在 7.2.2 节中，我们用列表来构建树。假如用 JavaScript 中的数组来代表列表，那么常见的嵌套数组也可以被看作树。以这种嵌套列表的方式表示的树虽然构造简单、使用方便，但是有一个缺点，就是它的节点不能容纳列表作为值，因为那个列表会被当成树结构的一部分。利用节点和子节点列表来构建树是另一种普遍采用的方案，HTML 文档中的节点（Node）和元素（Element）和它们的子节点、子元素组成的树就是 JavaScript 经常处理的对象。以这种方式定义的树在自身的结构和所容纳的数据之间有清楚的区分，没有嵌套列表的那种问题。无论以哪种方式构建，树都是递归的数据结构。搜索树时，首先容易想到的就是递归的方式。

```
export function DFSTreeRecursive1(getChildren, callback, root) {
    callback(root);
    for (let node of getChildren(root)) {
```

```
            DFSTreeRecursive1(getChildren, callback, node);
        }
    }
```

DFSTreeRecursive1 函数共有 3 个参数，前两个参数都是函数，getChildren 函数应用于某个节点，返回它的子节点列表，采用这种方式可以使 DFSTreeRecursive1 函数能够适应各种形式的树。对于普通的通过属性读取子节点的树，比如 HTML 节点的 childNodes 属性和元素的 children 属性，可以分别编写以下获取子节点的函数。

```
const get = f.mcurry(f.get);
const getChildren = f.pipe(get('children'), f.toArray);
const getChildNodes = f.pipe(get('childNodes'), f.toArray);
```

对于 JavaScript 的嵌套对象，则可以使用获得对象属性值列表的函数。6.3.6 节中的 freezeDeep 函数就使用了它。

```
export const values = bind(Object, Object.values);
```

callback 函数用于传递需要作用于树的每个节点上的逻辑，root 代表树的根节点。通常像 DFSTreeRecursive1 函数这样的代码会被归类为递归的算法，但实际上其中仍然借助了迭代——for...of 语句。它可以被改写成完全利用递归。

```
function DFSTreeRecursive2(getChildren, callback, root) {
    callback(root);
    forEach(partial(DFSTreeRecursive2, getChildren, callback), getChildren(
root));
    }
```

其中调用的 forEach 函数以递归的方式来编写。DFSTreeRecursive1 和 DFSTreeRecursive2 开头处的 DFS 是 Depth first search（深度优先搜索）的缩写。它表示当搜索到达某个节点时，如果该节点既有子节点又有同级节点，搜索将先在子节点上继续。与之相对的是广度优先搜索（Breadth first search）。广度优先搜索也可以用递归的方式进行，不过需要借助于一个队列来容纳待搜索的节点。有趣的是，只要将队列换成堆栈，同样的算法就变成了深度优先搜索，而深度优先搜索树之所以无需堆栈就能实现，是因为函数的调用堆栈隐式发挥了代码中堆栈的作用。

```
export function searchTreeRecursive(depthFirst, getChildren, callback, root
) {
    _search([root]);

    //深度优先搜索时，list 用作堆栈；广度优先搜索时，list 用作队列。
```

```
function _search(list) {
    if (isZeroLength(list)) {
        return;
    }
    let node = last(list);
    callback(node);
    if (depthFirst) {
        list = concat(initial(list), getChildren(node));
    } else {
        list = concat(getChildren(node), initial(list));
    }
    _search(list);
}
}
```

分别利用队列和堆栈，广度和深度优先搜索树也能以完全迭代的方式实现。

```
export function searchTreeIterative(depthFirst, getChildren, callback,
                                   root) {
    let path = [root];

    while (gt(path.length, 0)) {
        //此处也可换用 shift 方法，后面添加子节点时将 path 和 children 的位置相应对调。
        //选择 pop 是因为它的速度比 shift 快得多。
        //两者搜索的次序有差异。用 shift 时，深度搜索从子节点的第一个开始。
        //用 pop 时，深度搜索从子节点的最后一个开始。
        let node = path.pop();
        callback(node);
        if (depthFirst) {
            path = concat(path, getChildren(node));
        } else {
            path = concat(getChildren(node), path);
        }
    }
}
```

这些搜索函数在调用时可以通过柯里化获得适用于具体情况的函数，例如深度或广度优先搜索的和以某种方式获取子节点的。

```
export const DFSTreeRecursive = mcurry(searchTreeRecursive)(true);
export const BFSTreeRecursive = mcurry(searchTreeRecursive)(false);
```

```
const get = f.mcurry(f.get);
const getChildren = f.pipe(get('children'), f.toArray);
//搜索 HTML 元素子节点的函数。
const searchChildren = f.DFSTreeRecursive(getChildren);
```

7.4 尾部递归

对计算机来说，递归与迭代相比有一个成本问题。递归所凭借的函数调用，每进行一次，调用堆栈就增加一帧，这不仅消耗时间，还要占用内存资源。内存总是有限的，递归调用次数足够大时，就会耗尽。所以递归函数所能应用的数据有一个大小上的阈值，由于现在内存之大，这个阈值也很大，但始终存在。譬如 sumTo 函数，sumTo(10**8) 就会抛出 Maximum call stack size exceeded 之类的错误。

这对递归算法的通用性来说当然是个麻烦。幸运的是，对于一类特殊的递归，这个麻烦是可以消除的。

7.4.1　调用堆栈

我们先来看看函数调用时调用堆栈的变化情况。用下面这段简单的代码来说明：

```
function f(x) {
    return x;    // A
}

function g(x) {
    let y = x + 1;
    return f(y);     // B
}

console.log(g(3));  //C
```

起初，堆栈上只有一个全局帧，内容包括函数变量 f 和 g，如图 7.3 所示。

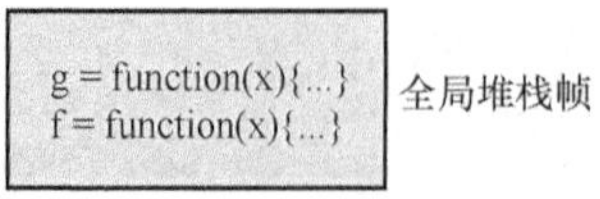

```
g = function(x){...}     全局堆栈帧
f = function(x){...}
```

图 7.3　程序起始阶段的调用堆栈

待程序运行至行 C 时，调用函数 g，在调用堆栈上新建一帧。在函数 g 的堆栈帧内，首先存入的是返回地址行 C，接着是传入的参数值 x。之后程序跳转去运行函数 g 内的代码，每遇到一个局部变量，都在帧顶部分配空间，如这里的 y。此时的调用堆栈看上去像图 7.4 一样。

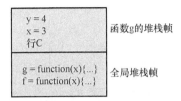

图 7.4　程序运行至行 C 时的调用堆栈

程序继续运行至行 B 时，调用函数 f，又在调用堆栈上新建一帧。在函数 f 的堆栈帧内，先后存入返回地址行 B 和参数值 x。然后程序跳转去运行函数 f 内的代码。此时的调用堆栈如图 7.5 所示。

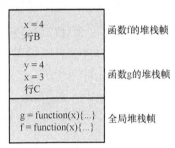

图 7.5　程序继续运行至行 B 时的调用堆栈

程序运行至行 A 时，函数 f 返回 x 的值（可以通过堆栈或寄存器），程序读取帧底部的返回地址行 B，删除 f 的堆栈帧，跳转至行 B 处运行。此时又回到执行函数 g 的代码，调用堆栈的当前帧，也就是位于最顶层的帧，正是保存了函数 g 上下文的堆栈帧。这时的调用堆栈如图 7.6 所示。

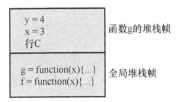

图 7.6　程序运行至行 A 时的调用堆栈

在行 B 处，函数 g 将刚刚获得的返回值又返回给上一级调用者。程序跳转至行 C 处，删除 g 的堆栈帧。如图 7.7 所示，此时的调用堆栈又恢复到最初的状态。

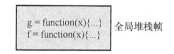

图 7.7　程序返回行 C 时的调用堆栈

7.4.2　尾部调用优化

堆栈帧存在的意义是为每次函数调用提供一个独立的内存空间，这样不同函数之间或者同一函数的不同次调用之间，局部变量和参数的存取都不会相互干扰。一个堆栈帧的生存期和与之对应的被调用函数的运行期是一致的，从调用该函数开始，到该函数返回为止。在此期间，若遇上对另一函数的调用，要创建新的堆栈帧，这样既是为了"新"函数有新的空间，也是为了保护"老"函数的旧空间。这背后隐含的理由是，新函数返回后，老函数还要继续运行，所以原来的上下文要保留。但如果新函数返回后，老函数没有任何代码要运行，那在老函数调用新函数时，老函数的堆栈帧的使命就结束了，就可以提前被删除。之后再创建新函数的堆栈帧，整个调用堆栈的深度就没有增加。

那么什么情况下会发生新函数返回后，老函数没有代码要运行呢？自然是新函数返回时，老函数也立即返回。换言之，调用函数直接返回被调用函数的返回值。这种情况下的函数调用称为尾部调用（Tail call）。此时能进行的优化是提前删除调用函数的堆栈帧，创建被调用函数的堆栈帧，并将前者的返回地址存入后者，这样被调用函数返回时，就能跳转回调用"调用函数"的函数。这种优化称为尾部调用优化（Tail call optimization）。

在上一节中，函数 g 调用 f 就属于尾部调用，所以假如应用了尾部调用优化，程序运行至行 B 时，调用堆栈就会变得如图 7.8 所示。

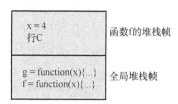

图 7.8　尾部调用优化下程序运行至行 B 时的调用堆栈

尾部调用优化的目的就是在函数调用时不增加调用堆栈帧。普通的函数调用，调用者与被调用者不同，每次调用都反映代码结构的一个新的部分，函数的数量和代码的结构都是有限的，调用堆栈的深度也就是有限的，不太可能超出系统允许的堆栈大小极限。无论进行多少次递归调用，反映的还是代码的同一个部分，决定调用次数的仅仅是递变的参数什么时候能符合初始路径的条件，这样对调用堆栈深度的需求就是没有限度的。所以，尾部调用优化就是为递归而生的，也是函数式编程语言普遍具备的能力。

在 ECMAScript 2015 之前，JavaScript 没有尾部调用优化，递归的使用因而受到限制。虽然可以采用函数的部分应用、事件编程等非常规手段防止调用堆栈耗尽，但毕竟不方便。ECMAScript 2015 引入了尾部调用优化，JavaScript 程序就可以更多地拥抱递归算法[①]。

7.4.3 怎样算是尾部调用

尾部调用优化得以进行的前提是函数调用是尾部调用。如上一节所述，尾部调用的标准是调用函数直接返回被调用函数的返回值，实质是被调用函数返回后调用函数没有任何代码要运行。这两点抽象的准则，结合 JavaScript 的语法，可以推导出更具体的判断。

JavaScript 中显式返回的唯一途径是使用 return 语句，它有两种变体。一是箭头函数中，箭头后只有单个表达式：

```
(param1, param2, …, paramN) => expression
```

等价于：

```
(param1, param2, …, paramN) => { return expression; }
```

二是直到函数运行结束，都没有执行 return 语句。这相当于省略了 return undefined。所以函数调用属于尾部调用的首要条件是位于 return 语句。有一种无效情况是 try 语句，因为根据其语义，并不能确保其中的 return 语句是最后运行的代码。使用 try-catch 时，只有 catch 从句中的 return 语句是有效的；使用 try-finally 或 try-catch-finally 时，只有 finally 从句中的 return 语句是有效的。因为这两种情况下，都能够确定一旦进入相应的从句，返回值必定是由其中的 return 语句决定的。

return 后面可以跟任何表达式。所以成为尾部调用的第二个条件是，表达式的返回值就是函数调用的返回值，并且未对其做任何计算。有若干种操作符，操作数的数目为两个或更多，返回的是其中之一的值。它们的运行逻辑就像是在一个微型程序中嵌入了 return 语句，所以在使用了这些操作符的表达式中，函数调用必须在操作符的返回路径上。具体来看这些操作符。

---

① ECMAScript 2015 规定的尾部调用优化虽然有前面分析的好处，也在 JavaScript 引擎开发者和普通程序员中引起了很多争议和担忧。最主要的问题是堆栈帧被删除会给调试程序带来困难。其他的担忧还包括性能等。目前的几家主要的 JavaScript 引擎开发团队在尾部调用优化带来的性能变化方面的经验不一致。所有问题都可以被归结为尾部调用优化是自动进行的，无论程序员是否有意利用该技术。所以制定 JavaScript 的规范的技术小组讨论了一种改进的可能，那就是对需要尾部调用优化的代码使用某种语法进行标注，只有对标注了的代码才进行尾部调用优化。无论如何，采用某种形式的尾部调用优化最终肯定会被 JavaScript 的接受。

1. 逗号操作符（,）

返回的是由逗号分隔的多个操作数中的最后一个，尾部函数调用必须是最后一个操作数，例如：

```
return (f(), g());
```

f()不是尾部调用，g()是尾部调用。

2. 条件操作符（?:）

根据第一个操作数的真假，直接返回后两个操作数之一，尾部函数调用可以是两者中的任何一个，例如：

```
return x ? f() : g();
```

f()和g()都是尾部调用。

3. 逻辑或操作符（||）

若第一个操作数为真，返回该值，否则返回第二个操作数的值，尾部函数调用必须是后一个操作数。因为在上述第一条返回路径中，第一个操作数并不是被直接返回，而是先利用其做了某些计算（读取它的值以决定后续流程）。在该处调用函数时，调用者的堆栈帧并不能被提前删除，因为被调用者返回后，还需要恢复调用者的上下文，利用返回值做计算，哪怕最后返回的仍然是该值。而上述第二条返回路径中，第二个操作数则是被直接返回的。所以在下面这行代码中：

```
return f() || g();
```

f()不是尾部调用，g()是尾部调用。将这行代码扩展成如下等价的代码，就能更清楚地看出原因。

```
let fResult = f(); // 不是尾部调用
if (fResult) {
    return fResult;
} else {
    return g(); // 尾部调用
}
```

4. 逻辑与操作符（&&）

若第一个操作数为假，返回该值，否则返回第二个操作数的值。与逻辑或操作符的道理类似，尾部函数调用必须是后一个操作数。例如：

```
return f() && g();
```

`f()`不是尾部调用，`g()`是尾部调用。将这行代码扩展成如下等价的代码，就能更清楚地看出原因。

```
let fResult = f(); // 不是尾部调用
if (!fResult) {
    return fResult;
} else {
    return g(); // 尾部调用
}
```

对于其他操作符，无论操作数的数目是一个还是更多，返回值都是所有操作数参与运算的结果，所以位于任何一个操作数的函数调用，返回后都还有代码要运行，也就失去了作为尾部调用的资格。

在 JavaScript 中调用函数有多种形式。

- 作为函数：`fn(...)`。

- 作为建构函数：`new fn(...)`（虽然一般不会递归地调用建构函数）。

- 作为方法：`obj.fn(...)`。

- 作为对象，通过 `call` 或 `apply` 方法：`fn.call(...)`或 `fn.apply(...)`。

无论采用哪种形式，都不影响函数调用是否成为尾部调用。

以上就是在代码中具体判断函数调用是否属于尾部调用的准则。当然这些都是从尾部调用的定义得出的结果，只要理解尾部调用的实质和目的，并不用特意记忆，也能够识别和运用尾部调用。

最后，值得指出的是，尾部调用优化只有在 JavaScript 的严格模式下才能进行。在非严格模式下，许多 JavaScript 引擎都为函数提供了两个读取运行时信息的属性。

- `fn.arguments`：包含该函数最近一次被调用时接收的参数。

- `fn.caller`：指向最近一次调用该函数的函数。

如果要进行尾部调用优化，这两项属性都将失效，因为函数最近一次调用者的堆栈可能已经被删除了。为此，ECMAScript 2015 标准禁止了这两项属性，JavaScript 在严格模式下的运行会确保遵循这一点。

7.4.4 尾部递归

函数中的递归调用，如果都是尾部调用，这个函数就是尾部递归的。来看本章最初给出的 sumTo 函数：

```
function sumTo(num) {
    if (num === 1) {
        return 1;
    }
    return num + sumTo(num - 1);
}
```

其中的递归调用位于 return 语句，但却包含在加法表达式中，因而不算是尾部调用。

那么，有没有办法让 sumTo 变成尾部递归，从而能进行优化呢？这时，带累积参数的模式就派上用场了。累计参数叠加了每次递归的增量值，函数得以直接返回递归调用的返回值。用这种方式改写的 sumTo 再也不会有堆栈耗尽的问题：

```
function sumToTail(num) {
    'use strict';
    return _sum(num, 0);

    function _sum(num, accum) {
        if (num === 0) {
            return accum;
        }
        return _sum(num - 1, accum + num);
    }
}
sumToTail(10**8)
//=> 5000000050000000
```

像 sumTo 这样原本非尾部递归的函数，都可以采用累积参数的模式，改写成尾部递归函数。前文的 mapArray 函数改写成 mapArray2 和 mapArray3 就是又一例。

『 7.5　递归的效率 』

　　我们来计算经典的斐波那契数列。菲波那契数列的通项公式为，当 $n=0$ 和 1 时，$A(n)=n$；当 $n \geqslant 2$ 时，$A(n)=A(n-1)+A(n-2)$。如果让一个数学不错又刚学习编程的高中生来写计算斐波那契项的函数，结果可能会是这样。

```
function fibonacci1(n) {
    const phi = (1 + Math.sqrt(5)) / 2;
    if (n < 2) {
        return n;
    }
    return (Math.pow(phi, n) + Math.pow(1 - phi, n)) / (phi * (3 - phi));
}
f.log(fibonacci1(10))
//=> 55.007272246494842705
```

　　他的思路如下：将等式 $A(n)=A(n-1)+A(n-2)$ 变形为 $A(n)+x*A(n-1)=(1+x)*[A(n-1)+1/(1+x)*A(n-2)]$。令 $x=1/(1+x)$，可得 1 元 2 次方程 $x^2+x-1=0$，解出 $x=[-1+\text{sqrt}(5)]/2$ 或 $[-1-\text{sqrt}(5)]/2$。因为 $A(n)+x*A(n-1)$ 构成一个等比数列，再加上初始两项的值，可求得 $A(n)+x*A(n-1)$ 的值。再利用这个公式递归地消去 $A(n-1)$，计算出通项 $A(n)$ 的值。

　　这样的解法会让数学老师高兴，计算机老师难过。计算机被当成计算器来用。另外，由于运算中涉及小数，计算结果与本应是整数的精确值相比有微小的误差，如上面的 fibonacci1(10) 精确值是 55。

　　正常的计算方法可以采用迭代。

```
function fibonacci2(n) {
    if (n < 2) {
        return n;
    }
    let a = 0, b = 1, c;
    for (let i = 2; i <= n; i++) {
        c = a + b;
        a = b;
        b = c;
    }
    return c;
}
```

```
f.log(fibonacci2(10))
//=> 55
```
也可以采用递归。
```
function fibonacci3(n) {
    if (n < 2) {
        return n;
    }
    return fibonacci3(n - 1) + fibonacci3(n - 2);
}
f.log(fibonacci3(10))
//=> 55
```

3 个版本中，采用递归的版本最简短，它只是将斐波那契数列的数学定义用编程语言写出来。到现在为止，3 个函数表现都还基本不错。但当我们求更大的斐波那契项时，情况开始有变化了。

```
f.log(fibonacci1(100))
//=> 354224848179261800000
f.log(fibonacci2(100))
//=> 354224848179261800000
f.log(fibonacci3(100))
//=> 一觉醒来还是没有结果
```

`fibonacci1` 和 `fibonacci2` 都很快得出了一致的结果（因为数字太大，`fibonacci1` 返回值中的小数被忽略了），而 `fibonacci3` 则永远都得不出结果。出了什么问题呢？

考查 `fibonacci3` 的计算过程，可以让我们找出原因。本章所有此前出现的递归函数有一个共同点，返回语句只包含一次递归调用，用数列的语言来说就是，当前项的值只依赖于前一项。而 `fibonacci3` 的递归算法在求第 n 项 $A(n)$ 时，不仅要利用前一项 $A(n-1)$，还要依赖更前一项 $A(n-2)$，这导致对此前项的大量重复计算，项数越小，重复的次数越多。令 $B(i)$ 为第 i 项被计算的次数，则有。

```
B(i) = 1;  i = n, n - 1
B(i) = B(i + 1) + B(i + 2);  i < n - 1
```

这样，$B(i)$ 形成了一个有趣的逆的斐波那契数列。求 $A(n)$ 时有：

```
B(i) = A(n + 1 - i)
```

换一个角度来看，令 $C(i)$ 为求 $A(i)$ 时要做的加法的次数，则有：

```
C(i) = 0;  i = 0, 1
C(i) = 1 + C(i - 1) + C(i - 2);  i > 1
```

令 $D(i) = C(i) + 1$，有：

```
D(i) = 1;  i = 0, 1
D(i) = D(i - 1) + D(i - 2)
```

所以 $D(i)$ 又形成一个斐波那契数列。并可因此得出：

```
C(n) = A(n + 1) - 1
```

$A(n)$ 是以几何级数增长，所以 `fibonacci3` 在 n 较大时所做的重复计算量会变得十分惊人。与它相对应的采用迭代的程序 `fibonacci2`，有：

```
B(n) = 1;  n 为任意值
C(n) = 0;  n = 0, 1
C(n) = n - 1;  n > 1
```

因而当 n 增长时，一直能保持很快的速度。

一些读者也许已经想到了解决的方法，本书之前介绍的"记忆化"模式的功用正是避免以同样的参数多次调用函数时的重复计算。记忆化普通函数很简单，只需将其传递给 `memoize` 函数，返回的就是记忆化的版本。这种方法对递归函数却不适用，因为递归函数体内有对自身的调用，无法利用记忆化的版本，要想记住对某个参数的计算结果，只有用 `memoize` 函数类似的写法，修改递归函数。

```
const fibonacci4 = function () {
    const memory = new Map();
    return function fibonacci4(n) {
        if (m.has(n, memory)) {
            return m.get(n, memory);
        }
        if (n < 2) {
            m.set(n, n, memory);
        } else {
            m.set(n, fibonacci4(n - 1) + fibonacci4(n - 2), memory);
        }
        return m.get(n, memory);
    }
}();
```

因为这里的参数限定为非负整数，所以用于记忆计算结果的 map 函数，可以换成数组，这样函数可以改写得更简洁，运行速度也更快。

```
const fibonacci5 = function () {
    const memory = [0, 1];
    return function fibonacci5(n) {
        if (memory.length <= n) {
            memory[n] = fibonacci5(n - 1) + fibonacci5(n - 2);
        }
        return memory[n];
    }
}();
```

在这两个版本的递归算法中，虽然形式上在计算第 n 项时，仍然包含两次递归调用，但实际上对于每个 n，函数都只计算了一次，其他对第 n 项的引用，都是从记忆中读取的，所以求第 n 项过程中进行的加法运算次数与迭代算法相同，具有同样的可伸缩性。

也许有读者会发现，迄今为止的 3 个递归版本，都不算是尾部调用。所以当 n 很大时，还是会出现调用堆栈耗尽的问题。

```
fibonacci5(10**8)
//=> Maximum call stack size exceeded
```

上一节已经介绍了，可以利用累积参数将函数转换成尾部递归。在返回语句只包含一次递归调用的情况下，转换的方法是一目了然的。而对 fibonacci3 这样返回语句包含两次递归调用的函数，以前的方法就无效了。思路的突破口是一次递归调用需要一个参数来累积，多次递归调用时，每次调用都需要一个参数来累积。这样就得到 fibonacci3 尾部递归的版本。

```
function fibonacci6(n) {
    return _fibonacci(n, 0, 1);

    function _fibonacci(n, a, b) {
        if (n === 0) {
            return a;
        }
        return _fibonacci(n - 1, b, a + b);
    }
}
```

最后，我们来比较一下各种版本算法的速度。

```
export function doUnto(...args) {
```

```
    return function (fn) {
        return fn(...args);
    }
}

const cTookTime = f.unary(f.curry(f.tookTime, 2));
let fns = f.map(cTookTime, [fibonacci1, fibonacci2, fibonacci4, fibonacci4,
        fibonacci5, fibonacci5, fibonacci6]);
fibonacci5,fibonacci6]);
f.forEach(f.doUnto(1000), fns);
//=> 4.346655768693734e+208
//=> fibonacci1(1000): 1.828857421875ms
//=> 4.346655768693743e+208
//=> fibonacci2(1000): 0.243896484375ms
//=> 4.346655768693743e+208
//=> fibonacci4(1000): 3.918212890625ms
//=> 4.346655768693743e+208
//=> fibonacci4(1000): 0.126953125ms
//=> 4.346655768693743e+208
//=> fibonacci5(1000): 0.372802734375ms
//=> 4.346655768693743e+208
//=> fibonacci5(1000): 0.156005859375ms
//=> 4.346655768693743e+208
//=> fibonacci6(1000): 0.223876953125ms
```

多次测试，每个函数花费的时间会有波动，但总体上的排名没有多少出入。从这个结果能读出很多有趣的信息。fibonacci1 直接根据斐波那契数列项的公式来计算，因为涉及开方和小数的乘方等运算，并不算快。fibonacci2 的迭代算法速度名列前茅。fibonacci3 没有参赛资格。fibonacci4 用映射数据结构做缓存，第一次计算时速度最慢，再次计算时读取缓存，速度最快。fibonacci5 用数组做缓存，第一次计算时，速度已经和不需缓存的最快算法在一个数量级上，而第二次计算时，依靠读取缓存，速度和fibonacci4 差不多。fibonacci6 的尾部递归算法，与迭代算法不相上下。

7.6　小结

本章的主题是递归这一函数式编程中常见的现象和重要的方法。从递归的含义和思路出发，介绍了若干种递归算法的模式，从简单的双对构建出列表和树，再对递归和迭代做了详细的对比和分析。接下来介绍了能避免调用堆栈耗尽的尾部调用优化，以计算斐波那契数列为实例，研究了递归算法的效率和多种可能性。

在讨论完递归的内容之后，剩下的值得关心的问题大概就是何时采用递归了。在没有提供变量的纯函数式编程语言中，递归是唯一的选择。JavaScript 并不是专为函数式编程而设计的，它有变量，有 while、for 和 do 语句，它的程序员群体也更习惯采用迭代算法。递归和迭代在表现力上是没有强弱之分的，虽然本书的主题是函数式编程，主张在 JavaScript 中一切场合都用递归取代迭代，却是不必要的，也是不切实际的。在某个具体问题上选用递归或迭代，依据的只是哪种算法更方便、更清晰，以及程序员主观的审美和习惯。

一般来说，程序所处理的数据结构遵循迭代协议时，采用迭代算法，代码更简单。最常见的就是数组，用内置的 for...of 语句遍历数组元素很简洁。程序所处理的问题或数据结构是以递归方式定义时，采用递归算法，思路上较直观，例如斐波那契数列和树状数据结构。

下一章会讨论在函数式编程中占有重要地位的列表处理。

■■ 第 8 章 ■■

── 列表 ──

函数式编程与列表处理有很深的渊源。列表是最基础，也是使用最普遍的复合数据类型。作为最早出现的函数式编程语言之一，Lisp[①]用函数参数和递归的方式来处理列表，既展示了列表的灵活性和表现力，又体现了函数式编程的优美和强大，影响了后续的很多编程语言。本章就来探讨 JavaScript 中的列表和函数式编程。

『 8.1 处理列表 』

列表作为一种抽象的数据类型，指的是有限的、有序的任意多个元素组成的集群。它与使用有关的主要特征仅是其中的元素是有序的。也就是说，从接口的角度看，列表提供的基本操作就是根据给定的元素创建列表和按顺序遍历其中的元素。在此基础上，还可以定义一些方便使用的操作，比如在列表的头和尾添加元素、读写指定序号的元素等。

实现抽象的列表，可以有不同的途径。7.2.1 节介绍的是一种基于双对递归地构建列表的方式，利用节点和链接构建的列表也属于同类，称为链接表。因为能以递归的方式创建和处理，函数式编程语言普遍采用这种列表。另一种常见的列表实现是以数组为基础的。数组作为复合类型，同样是包含有限的和有序的任意多个元素，除此之外的每个元素还有一个对应于其次序的数字索引，根据索引来存取元素是数组接口的基本操作。数组抽象的行为特征与计算机访问连续的内存单元正相契合，因此很容易用后者来实现。利用数组接口的操作，不难实现列表，反之亦然。

8.1.1 函数的三种写法

无论以哪种方式实现，列表的使用者其实更关心的是如何在具体的问题中利用和处理列表。在 JavaScript 中，就是如何利用和处理原生的数组或自定义的列表类型。例如常见的程序中需要遍历一个数组，对其中的每个元素都进行某些运算。JavaScript 的数组既是可

---

① 它的名称就来源于"列表处理器"（List Processor）。

迭代的，又有数字索引，所以传统上有两种方法遍历数组的元素，一是按索引依次读取，二是利用 for...of 语句迭代。下面的代码用一个单纯的 log 函数来代表对数组中每个元素进行的计算。

```
let list = [1, 2, 3, 4, 5, 6, 7, 8, 9, 10];

for (let i = 0; i < list.length; i++) {
    f.log(list[i]);
}


for (let n of list) {
    f.log(n);
}
```

我们知道，迭代的代码都可以用递归的方式改写。借助于 isZeroLength、first 和 rest 函数，上述计算可以用一个递归的函数来实现。

```
function processListRecursive() {
    if (f.isZeroLength(list)) {
        return;
    }
    f.log(f.first(list));
    processListRecursive(f.log, f.rest(list));
}
```

相比起来，迭代的方式更简洁。这是因为迭代在命令式编程中如此重要和常见，以至于它被普遍地内化进编程语言，变成 for 和 for...of 之类的语句。用这些语句确实很方便，所以长久以来大家在遇到需要遍历数组中的元素进行计算时，都将它们当作标准的和唯一的写法。实际上采用 for 语句迭代仍然有缺点，一是它需要每次重复书写一个模板，虽然这个模板是简单的 for 语句，但是依据 DRY（勿重复，Don't repeat yourself）的原则，这也是应该被避免的；二是它将提供通用功能的代码（for 语句）和业务逻辑（对数组元素进行的计算）混杂在一起，没有在两者之间建立更清晰的接口关系。避免这些缺点的解决方案，如果换用上面的以递归方式编写的代码的角度来看，就几乎是顺理成章的——为 processListRecursive 函数添加两个参数，一个是它处理的数组，另一个是将对元素进行的计算包装成一个函数参数，这样 processListRecursive 就变成了一个具有通用性的函数，功能是遍历一个数组，其中的每个元素应用函数参数，我们把它命名为 forEach。参照这个思路，从以迭代方式编写的代码也可以抽象出一个具有同样功能的函数。

```
export function forEachIterative(fn, list) {
    for (let e of list) {
        fn(e);
    }
}

export function forEachRecursive(fn, list) {
    if (isZeroLength(list)) {
        return;
    }
    fn(first(list));
    forEachRecursive(fn, rest(list));
}

f.forEachIterative(x => f.log(x), list);

f.forEachRecursive(x => f.log(x), list);
```

由此可见，对于遍历数组中的元素进行计算这样一类问题，有 3 种写法。第一种是用迭代的方式编写，又可分为两种写法：一是利用 for...of 语句和数组的迭代协议，二是利用 for 语句和数组的索引。第二种是用递归的方式编写，创建一个自定义的递归函数，对数组元素的计算包含在该函数的代码中。第三种是抽象出一个 forEach 函数，将数组和对其元素进行的计算都作为参数传递给该函数，forEach 函数的实现又可分为两种方式：迭代和递归。

第一种写法是完全的命令式编程，第二种写法就其对递归的利用来看，属于函数式编程，但每次的自定义函数都重复用于遍历数组的代码，又不符合函数式编程的精神。第三种是典型的函数式编程，与命令式编程的第一种写法相较，提升了抽象级别和代码的复用程度。其中的 forEach 函数，若以递归的方式来编写，又比用迭代的方式编写更符合函数式编程的风格。不过对于 forEach 函数的使用者来说，forEach 如何实现是无须关心的，只要调用该函数来解决遍历数组元素进行计算的问题，就已经享受到了函数式编程的便利和好处。

8.1.2 处理列表的高阶函数

同理，对数组进行计算的其他场景也存在 3 种解法，我们都将采用函数式编程的第 3 种解法，由此获得的处理列表的高阶函数包括如下。

- map（映射）：创建一个和原数组同样长度的数组，它的每个元素都是指定的函数应用于原数组对应位置的元素的返回值。

- filter（过滤）：创建一个数组，由原数组中能通过给定谓词函数的元素组成，即以这些元素为参数时，该谓词函数返回真值。

- reduce（化约）：通过一个二元函数，依次将数组中的元素和上次调用该函数的返回值作为参数，最后将数组化约成单个值。

- some：检查一个数组中是否至少有一个元素能通过给定的谓词函数。

- every：检查一个数组是否每个元素都能通过给定的谓词函数。

- find（查找）：查找一个数组中符合给定谓词函数的元素。

读者编写这些函数作为练习，既能比较迭代和递归两种不同的实现方法，也可以对这些函数的意义和功能有更深入的理解，更重要的是从中体会函数式编程如何从具体的问题中发现和抽象出可复用的函数。至于在程序中实际要调用的这些函数，出于性能的考虑，可以通过数组方法的函数化获得。

以上这些函数作为脚本库的成员和数组的方法已经为大家熟悉，但它们的价值或许还未受到充分认识。这些函数是从与列表有关的计算的长期实践中总结和提取出来的，许多具体的问题都可以借助它们和特定的函数参数来解决。换言之，很多本来需要自定义函数解决的问题都能被看作这些函数对应的某类抽象问题的一个特例。针对该特例的函数参数不仅比原本自定义的函数更简单，而且还可能是早已存在的通用函数。之前我们已经看到了 sum 和 max 函数如何通过 reduce 计算获得，下面再看几个例子。

编程中经常会遇到由同一类型的对象组成的数组数据，有时需要从所有的对象中提取特定的属性值，这个需求可以抽象成一个函数 pluck。

```
export function pluck(name, list) {
    return map(partial(get, name), list);
}

const stooges = [{name: 'moe', age: 40}, {name: 'larry', age: 50}, {name:
'curly', age: 60}];

f.log(f.pluck('name', stooges));
//=> ["moe", "larry", "curly"]
```

另一种常见的需求是对于数组中的每个对象，只需要若干特定的属性，这些选中的属性组成一个新的对象。这个操作就像关系运算中的投影（project）和 SQL 中的 SELECT 语句。为此需要先定义一个从一个对象选取若干属性组成新对象的函数：

```
export function pick(names, source) {
    let ret = {};
    for (let n of names) {
        set(n, get(n, source), ret);
    }
    return ret;
}


export function project(names, list) {
    return map(partial(pick, names), list);
}


f.log(f.project(['name'], stooges));
//=> [{name: "moe"}, {name: "larry"}, {name: "curly"}]
```

处理列表的高阶函数一般有两个参数，一个是函数参数，另一个是列表，少数像 reduce 的函数会需要额外的参数。通常，列表参数提供的是数据，函数参数则代表应用于该数据的算法。不过在函数式编程中，函数也能充当数据的角色，作为高阶函数的参数。在一些特殊的场合，我们把这些函数处理的列表中的元素换成函数，再配合以适当的函数参数，就能获得很多问题的巧妙解法。5.3 节中的 compose 和 pipe 函数就是利用 reduce 来复合列表中的函数。下面再来看这种技巧的一类用法。这类情况中，多个函数恰好要应用于同样的参数，它们被置于一个列表中，作为参数传递给 forEach、map、every 等函数。接下来的关键就是怎样通过一个高阶函数参数调用列表中的函数，并且给它们提供所需的参数。完成这一点的是一个特殊的函数，它接收任意数据做参数，然后返回一个函数，该函数接收一个函数参数，返回的是该函数参数应用于借闭包记住的外套函数的参数。

```
export function doUnto(...args) {
    return function (fn) {
        return fn(...args);
    }
}
```

doUnto 看上去很像 5.3 节中介绍的 callRight 函数的柯里化版本，之所以没用后者，是因为 callRight 是一个二元函数，用作第二个参数 fn 的数据的只能是单独的第一个参数，而 doUnto 可以接收任意数量的参数，更加灵活。有了 doUnto，forEach、map、every 等函数就可以发挥一些前所未有的作用。举例来说，forEach 的列表参数包含的可以是待测试的函数，map 的列表参数包含的可以是提取属性的函数，every 的列表参数包含的可以是待校验的条件。7.5 节已经包含了 forEach 的一个例子，下面再来看看 map 和 every 这方面的用法。假设我们 ping 一台主机若干次，获得了每次 ping 的响应时间值，接着程序需要给出这些时间值的一个总结，即它们的最小值、最大值和平均值。求最小值、最大值和平均值的函数都要应用于包含时间值的同一个数组，可以将这些函数也置于一个列表，传递给 map 函数，以返回一个代表总结的列表。

```
let pings = [1, 1, 3, 2, 7, 23, 4, 1];

function mean(nums) {
    return f.div(f.sum(nums), nums.length);
}

function summary(pings) {
    //求最小值和最大值的函数都由柯里化的 maxByMap 函数计算获得。
    const maxByMap = f.mcurry(f.maxByMap);
    const min = maxByMap(f.negate);
    const max = maxByMap(f.identity);
    const fns = [min, max, mean];
    return f.map(f.doUnto(pings), fns);
}

function summary2(pings) {
    //当然我们也可以用原生的 Math 对象的 min 和 max 方法，不过它们接受
    //的参数是多个数字，需要先用 apply 函数加工成接受一个数字数组参数。
    const fns = [f.apply(Math.min), f.apply(Math.max), mean];
    return f.map(f.doUnto(pings), fns);
}

f.log(summary(pings));
//=> [1, 23, 5.25]

f.log(summary2(pings));
//=> [1, 23, 5.25]
```

在 4.3.1 节中，我们介绍了分别用"与"和"或"关系组合两个谓词函数的 both 和 either 函数，这种想法还可以扩展到组合多个谓词函数，这里把对应于与关系的函数称为 allTrue，对应于或关系的函数称为 anyTrue，借助于 doUnto，它们可以分别通过 every 和 some 函数来实现。

```
export function allTrue(...predicates) {
```

```
        return function (...args) {
            return every(doUnto(...args), predicates);
        }
    }

export function anyTrue(...predicates) {
    return function (...args) {
        return some(doUnto(...args), predicates);
    }
}
```

下面是这两个函数的简单示例。

```
function isEven(num) {
    return f.modulo(num, 2) === 0;
}

const isPositive = f.mcurry(f.gt)(f._, 0);

f.log(f.map(f.allTrue(isPositive, isEven), [2, 3, -4]));
//=> [true, false, false]

f.log(f.map(f.anyTrue(isPositive, isEven), [2, 3, -4]));
//=> [true, true, true]
```

值得一提的是，给程序中的各种实体命名也是一项学问，特别是那些供他人使用的接口名称。以函数为例，好的名称要能代表函数的功能，要简短，要符合英文语法（例如名词的单复数 getChildren、动词的人称屈折 equals），最好还能符合英文的习惯。最后一点对于日常语言不是英语的人尤其难以做到。理论上，函数是对参数的一系列运算，函数名应该为代表这一系列运算的动词或动词短语。为了简短，有时会采用缩写或忽略语法（如 cloneDeep 而不是 cloneDeeply），有时候则会采用介词、名词、连词、形容词等其他词类和短语（如 asList、toArray、when、first）。无法直接描述函数功能时，还可以用比喻（如 pluck 本意为拔羽毛，被用来命名返回一组对象的指定属性值的函数），以历史上相关的人事物命名（如 curry 函数的名称用的就是数学家 Haskell Curry 的姓）等手法。

对于本节用到的 doUnto 函数的名称，我曾经绞尽脑汁，花费的时间不下于编写其代码的十倍。除了最初想到的 doUnto，还考虑过 asData、awaitFn、dataFirst、presetArg 等其他选择，以后还可能发现更合适的名字。

『 8.2 函数式编程的列表接口 』

有些读者或许已经发现在上一节中，代码真正使用的是数组①，正文的讨论也多是用数组一词，那章节的题目又为何要强调内容是关于列表的？正如 8.1 节开头所述，理论上我们关心的是一种抽象的数据类型，它包含任意多个元素，主要的特征是元素的有序性；实际编程中列表体现为一组函数接口，只要某种类型可以用这些函数来操作，就可以被视为列表，而它内部是如何实现的并不重要。许多编程语言提供了原生的链接表，函数式编程语言尤其倚重这类列表，所以传统上列表就是指链接表。但本书主题 JavaScript 并没有内置的链接表，虽然可以像 7.2.1 节中所做的那样自定义实现，但在方便性和性能上无法与数组相比。6.3.8 节中介绍的 Immutable.js 等脚本库提供的列表类型具有不可变的优点，但因为其复杂度和易用性等方面的原因，也不可能取代数组。反过来，只要我们为数组定义齐备函数式编程中操作列表的函数，使用数组时遵循列表的接口，数组就可以被正当地视为列表。

函数式编程的列表接口包含哪些函数，并没有一个标准。它必须包含一些基本的读写函数，以便程序中对列表的操作需求最终都能归结为调用这些函数。在此基础上，可以向它添加各种方便使用列表的函数。与数组对象的方法相比，它有两个特点：首先，列表接口中的函数都是纯函数，它们与数组对象的方法的最大差别就是不会修改作为参数的数组；其次，函数式编程与命令式编程的函数参数风格不同。两者除了 5.2.6 节分析的参数顺序的差异，还体现在什么样的参数对于调用者来说更有用和方便。具体而言，命令式编程中一个函数要越有用，就要包含越多的功能，能应用于越多的场合，这就体现在函数的参数越多。函数从解决一个特定的问题，到适用于越来越一般的场合，就是一个参数不断增加的过程。此外，为了方便使用者在特定的场合调用一个功能强大的通用函数，函数的许多参数被设置有默认值。反观函数式编程，因为可以复合，对于那些可以通过组合多个函数实现的功能，它倾向于编写参数少的小函数，不使用默认参数而是通过柯里化来方便调用，为了能柯里化又尽量采用固定数目的参数。

为了让习惯于面向对象编程的读者更容易转换到函数式编程的轨道上，我们先来看看数组对象的方法对应于列表接口的哪些函数。数组的方法可以分为几类，一类是接收函数参数依次应用于其中元素的迭代方法，它们的对应函数基本上都包含在 8.1.2 节中。其余的方法可分为两类，一类是没有副作用的，即不会修改数组对象的，另一类则是有副作用的。

---

① JavaScript 中的数组本质上是对象，即映射，不过从关于它的语法和数组对象的方法来看，它也可以被当成通常意义上的数组。

8.2.1 没有副作用的方法

这一类方法主要包括 concat、includes、indexOf、join、slice 等。因为它们不会修改数组对象,所以列表接口中实现对应功能的函数可以直接通过将它们函数化获得。最偷懒的方式当然是调用 invoker 函数。

```
export const includes = invoker('includes');
export const indexOf = invoker('indexOf');
export const join = invoker('join');
```

这种方式的缺点是所得的函数没有携带元数的信息,在柯里化时需要手工提供元数。并且数组的这些方法都有可选参数,将函数设置为具有不同的元数会决定它们是否采用默认参数值,进而导致函数具有不同的行为和名称,如 indexOf 可以衍生出两个函数:

```
const indexOf = f.mcurry(f.indexOf, 2);
const indexOfFrom = f.mcurry(f.indexOf, 3);
```

它们对应的未柯里化的函数可以声明如下:

```
export function indexOf(val, indexed) {
    return indexed.indexOf(val);
}


export function indexOfFrom(val, fromIndex, indexed) {
    return indexed.indexOf(val, fromIndex);
}
```

数组的 includes 和 indexOf 方法在查找目标值时,采用的是严格相等的标准,所以对于数组和对象类型的元素,只要目标值与其不是同一个引用,即使内容完全相同,也会被视为没找到。列表接口的对应函数可以通过自定义的代码弥补这一行为。

因为固定元数的函数便于柯里化,所以数组的其他方法也可以通过上面这种包装的方式定义。

```
export function slice(beginIndex, endIndex, indexed) {
    return indexed.slice(beginIndex, endIndex);
}
```

注意上述 includes、index 和 slice 函数既可以应用于数组,也可以应用于字符串,原因是这两个类型具有名称相同、功能对应的方法。从对象的角度,可以看作两个类型实现了同一个接口;从函数的角度,则是它们具有参数多态性。因为字符串本身可以看作字符的列表，所以只要语意上恰当，操作列表的函数都可以通过调用字符串对应的方法或者自定义代码，兼容字符串类型的参数。

对于接收可变数目参数的 concat，同样是出于柯里化的考虑，函数化时会将参数数目固定。此外，concat 方法的参数既可以是数组也可以是标量值，这种参数多态性一般是受欢迎的。但是当由它转化成的函数固定为接收两个参数时，将它们的类型都限定为必须一致，于函数的意涵更恰当。"连接"数组和标量值的操作，将分流给名称上更恰当的 append 和 prepend 函数。另一方面，concat 函数可以将字符串的连接操作也包含进去，体现了另一种参数多态性。在连接字符串时，虽然也可以调用字符串对象的 concat 方法，但是使用+操作符的性能远高于彼。最后，为了确保 concat 接受的参数类型符合要求，用 checkArgs 函数进行了类型检查。

```
export function concat(v1, v2) {
    checkArgs('concat', arguments,
        [TYPES.ARRAY, TYPES.ARRAY], [TYPES.STRING, TYPES.STRING]);
    if (isArray(v1)) {
        return v1.concat(v2);
    } else {
        return v1 + v2;
    }
}
```

8.2.2　有副作用的方法

这一类方法主要包括 fill、pop、push、reverse、shift、sort、unshift 等。它们都不能通过直接调用 invoker 或者函数包装完成转换。有些可以通过在修改数组前克隆来实现，还有些的名称和语义是和修改数组联系在一起的。它们在列表接口中没有直接的对应项，它们所要做的操作在函数式编程中会以另外的思路调用列表接口中的其他函数来实现。reverse 和 sort 属于前一类，fill、pop、push、shift、unshift 属于后一类。

```
export function reverse(arr) {
    let copy = [...arr];
    return copy.reverse();
}

export function sort(comparator, arr) {
    let copy = [...arr];
```

```
    return copy.sort(comparator);
}
```

sort 函数的第一个参数，也就是调用数组的 sort 方法时传递的参数 comparator，是一个比较两个值大小的函数。正如在 4.1.2 节讨论的那样，在执行某个算法时，函数参数的功能可能有多种选择，sort 函数也可以采用 maxByMap 的方案，利用一个函数参数将数组中的元素映射为数字和字符串这类天然有序的值，编写这样的函数对使用者来说更容易和方便。为了仍然能借助于性能上有优势的数组原生的排序方法，最佳的实现路径是将映射函数参数转换为比较函数参数，然后调用既有的 sort 函数。为此，我们抽象出一个通用的 comparator 函数，它接收一个谓词函数参数，将其转换为 comparator，该谓词函数比较两个值的大小，若前者比后者大，就返回 true，否则返回 false。

```
export function comparator(pred) {
    return function (x, y) {
        if (pred(x, y)) {
            return 1;
        }else if (pred(y, x)) {
            return -1;
        }else {
            return 0;
        }
    }
}
```

综合以上思路，我们写出了和 maxByMap 一样使用一个映射函数参数的 sortBy 函数。因为在数组排序时会涉及大量的元素两两比较，而每次比较都需要调用 fn 将元素转换成可比较大小的值。假如 fn 计算的耗时不是可以忽略，对于较大的数组积累起来将是一笔可怕的开销，所以我们利用 4.3.4 节中介绍的 memoize 函数将 fn 包装起来，提高 sortBy 的性能。

```
export function sortBy(fn, arr) {
    const mfn = memoize(fn);
    const comp = comparator((x, y) => gt(mfn(x), mfn(y)));
    return sort(comp, arr);
}
```

继续看数组的其他方法，fill 方法对应于 repeat 函数。

```
export function repeat(times, elem) {
    let ret = new Array(times);
```

```
        ret.fill(elem);
        return ret;
    }
```

pop 方法对应于 last 和 initial 函数。

```
export function last(indexed) {
    return get(sub(indexed.length, 1), indexed);
}


export function initial(indexed) {
    return indexed.slice(0, -1);
}
```

push 方法对应于 append 函数。当然像在 6.2.3 节所描述的那种为了效率而允许在函数内部的计算有副作用的情况下，还是可以使用 pop 和 push 方法或者它们对应的函数。

```
export function append(elem, arr) {
    return arr.concat([elem]);
}
```

类似地，unshift 和 shift 方法对应于 first、rest 和 prepend 函数。

```
export function first(indexed) {
    return get(0, indexed);
}


export function rest(indexed) {
    return indexed.slice(1, indexed.length);
}


export function prepend(elem, arr) {
    return [elem].concat(arr);
}
```

8.2.3　列表接口中的其他函数

列表是函数式编程最常使用的复合类型，除了数组方法对应的那些函数，函数式编程还发展出许多常用的列表函数，再配合高阶函数、柯里化和复合等技术，让列表的操作异常灵活，也让列表的应用更加普及。这样的函数很多，下面介绍几个较常用的。

- get 和 set：读写列表指定索引处的元素。列表是对象，读写列表元素只是读写对象属性的一种特例，所以 get 和 set 等其他读写对象的纯函数也是列表接口的成员。

- drop：抛弃列表开头指定数目的元素，返回一个包含剩余元素的新列表。

```
export function drop(num, indexed) {
    return slice(num, indexed.length, indexed);
}
```

- take：提取列表开头指定数目的元素，返回一个包含这些元素的新列表。

```
export function take(num, indexed) {
    return slice(0, num, indexed);
}
```

drop 和 take 函数的功能简单，使用方便，slice 函数可以看作它们的组合。

- flatten：将一个嵌套的数组"压扁"，即把内嵌数组的元素全部按顺序置于最外层的数组中。

```
export function flatten(arr) {
    return _flattern(arr, []);

    function _flattern(arr, flat) {
        for (let e of arr) {
            if (isArray(e)) {
                _flattern(e, flat);
            } else {
                push(e, flat);
            }
        }
        return flat;
    }
}
```

- zip：将两个同样长度的列表"拉链"成一个，新列表中的每个元素是由给定的两个列表中对应的元素组成的一个长度为 2 的列表。

```
export function zip2(arr1, arr2) {
    return _zip(arr1, arr2, []);

    function _zip(arr1, arr2, accum) {
        if (arr1.length === 0) {
```

```
                return accum;
            }
            return _zip(rest(arr1), rest(arr2), push([first(arr1), first(arr2)],
accum));
        }
    }
```

zip2 函数可以推广到将任意多个同样长度的列表"拉链"成一个，新列表中的每个元素是由给定的 n 个列表中对应的元素组成的一个长度为 n 的列表。

```
export function zip(...arr) {
    //_zip 函数声明和调用中的展开操作符都可以省略，那样的_zip 函数就变成了 unzip。
    return _zip([], ...arr);

    function _zip(accum, ...arr) {
        if (first(arr).length === 0) {
            return accum;
        }
        return _zip(push(map(first, arr), accum), ...map(rest, arr));
    }
}
```

反过来，我们可以写一个函数 unzip，将一个被拉链的列表还原。unzip 函数的参数是一个嵌套的列表，其中的每个元素都是一个长度相同的列表，返回的是与这些内嵌列表的长度相同数量的列表，每个列表由所有内嵌列表某个索引处的元素组成。一些读者在构思如何实现该函数时，会发现 unzip 的算法本质上与 zip 是相同的。把列表看成一个向量，多个向量组成一个矩阵。zip 和 unzip 就是在矩阵的纵向向量和横向向量之间转换。因为矩阵的横向和纵向是对称的，所以两个函数本质上是相同的，可以相互定义。

```
export const unzip = apply(zip);
```

zip 是将多个列表中的元素组合成一个列表，这个"组合"的动作也可以推广到任意函数，这样返回的列表中的每个元素就是将该函数应用于多个列表的对应元素的结果。

```
export function zipWith(fn, ...arr) {
    return _unzip([], arr);

    function _unzip(accum, arr) {
        if (first(arr).length === 0) {
            return accum;
        }
```

```
        return _unzip(push(fn(...map(first, arr)), accum), map(rest, arr));
    }
}
```

zip 可以看作 zipWith 函数的一个特例，传递给 zipWith 的函数参数的功能就是将多个元素组成一个列表。

```
export const newArray = bind(Array, Array.of);

function zipWithArray(...arr) {
    return zipWith(newArray, ...arr);
}
```

我们又发现 zipWith 与熟悉的 map 函数之间的关系，前者相当于将后者的单个列表参数扩展成任意多个列表，于是 map 也可以看作 zipWith 函数的一个特例。

```
export const mapMany = zipWith;
```

8.3 小结

列表并不是函数式编程独有的数据结构，处理列表也不是函数式编程本质上的特征。部分因为历史的原因，部分因为在处理列表的过程中函数式编程的技术和能力得到充分表现，列表处理在函数式编程中占有重要的一席之地。文章比较了处理列表的函数的 3 种写法，然后按类别介绍了常用的处理列表的函数以及它们在 JavaScript 中的实现。下一章将在此前内容的基础上，讨论如何从 JavaScript 主流的面向对象编程转向函数式编程。

第 9 章

从面向对象到函数式编程

假如本书的写作时间倒退 10 年，书名可能会变成《JavaScript 面向对象编程思想》。自 20 世纪 90 年代兴起的面向对象编程思想随 Java 的繁荣达于顶点，在 JavaScript 从一门只被用来编写零星简单的表单验证代码的玩具语言变成日益流行的 Web 应用不可取代的开发语言的过程中，脚本的作者们也逐渐学习和习惯了被视为软件开发正统的面向对象编程。盛极而衰，面向对象编程的缺点开始浮现和被广泛讨论，Java 的热度和市场份额不及以往，而对函数式编程的兴趣和关注从学术圈子扩散至商业软件开发领域。Clojure、Erlang、Scala 等新的函数式编程语言被发明和获得市场接纳，lambda 表达式成为编程语言中的热词和老牌语言竞相增添的功能，JavaScript 程序员也开始认识到函数式编程的优点。幸运的是，函数式编程所需的基本能力 JavaScript 在诞生之初就具备了。在迄今 20 多年的历史中，JavaScript 发扬光大的是事件编程和在面向对象编程世界里长久被忽略的基于原型的对象模型。现在 JavaScript 作为最流行和有活力的编程语言之一，正在逐渐发掘和转向自身混合基因中的另一元素。虽然以函数式编程语言的标准来看，JavaScript 相比其他专为此设计的语言有不少不足和缺陷，但是它的普及度还是让它成为函数式编程的有力推动者，甚至有希望是这种范式应用最广泛的语言。

从现实来看，巨大的惯性、既有的代码、程序员的知识和思维习惯使得面向对象编程依然是 JavaScript 开发的主流。此外，自 ECMAScript 6 原来的诸次语言扩展和改进主要是增强面向对象编程能力的。所以提倡 JavaScript 的函数式编程，不可避免的问题或者说最有力的方法就是将之与面向对象编程做比较，解释前者的优点，说明后者的概念和做法，以及如何能用前者取代后者。

9.1 面向对象编程的特点

面向对象编程与过程式或函数式编程直观的最大差别是以对象的视角来看待世界和建模。表现在代码上是将传统的数据和算法合为一体，也就是将某个类型的数据和处理它的函数纳入一个对象，数据成为对象的字段，函数变成对象的方法。方法和函数相比，只是语法差异，传统形式的函数调用 add(a, b) 变成了其中一个参数对象的方法调用 a.add(b)。真正体现面向对象编程意义的，是它的 3 个特点。

9.1.1 封装性

封装性指的是程序以某种方式将实现的细节包装起来，除了有意暴露的接口，外界对程序的内部信息一无所知。封装性可以使程序更加安全，免于其他程序有意或无意的修改，同时给程序开发提供了更大的灵活性，只要保持接口不变，程序的内部结构可以任意改动。封装性不是面向对象编程的发明，正如 3.1 节所分析的，函数是代码的基本封装单位。在函数式编程中，普遍允许的嵌套函数单纯以函数的形式提供了多级别的封装，集合多个函数和数据的模块除了组织代码的功能，也是进行封装的有效手段。例如 ECMAScript 2015 引入的 JavaScript 的模块，就可以通过 export 关键字暴露可供其他模块调用的函数和数据，其余的函数和数据则只能在模块内使用。

面向对象编程带来的变化是对包含数据和函数的实例进行封装。对象可以看作模块的衍生物，区别在于模块中的数据只有一份，是"静态"的。也就是说任何代码对它的修改都会影响到其他存取它的代码；而对象中除非是标记为静态的字段，所有数据都是每个实例独立的。模块可以实现静态数据的隐私性，但对于实例数据，因为函数只能以接收参数的方式访问，数据的字段只有能被公开读写才有意义，所以无法实现私有字段。在面向对象编程中，方法所属的对象是特殊的数据，通过 this（self、me）等关键字来传递，因此可以实现实例的私有字段。反过来，方法与函数的这个差别使得它无法像后者那样应用柯里化和复合等函数式编程的技术。

函数式编程的一些理念也可以运用到面向对象编程中，例如函数不应该有副作用，运行它的所有效果都应该只体现在返回值上。按照这个理念，模块中假如定义有数据，应该是不可变类型的常量，而不能充当在函数的多次调用间传递信息的状态。将这个道理应用到对象上，字段都应该是不可变的常量，调用对象的方法若要修改字段，应该返回一个包含新值的对象。

9.1.2 继承性

继承性指的是对象可以通过某种机制（基于类型的对象编程中依靠类型的继承，基于原型的对象编程中依靠原型），无须定义而自动获得另一个对象的字段和方法。继承性让代码能够在对象级别上复用。从函数的角度来看，在一个对象上调用继承的方法，相当于将该方法对应的函数应用到方法所属类型的一个子类型的参数上，也就是实现了函数的子类型多态性。函数式编程中的函数普遍具有多态性，像 JavaScript 的这样采用鸭子类型的语言，函数自动具有参数多态性。一个函数若是能应用于某个类型的数据，就能应用于具有和该类型同样的或扩展的字段的其他类型的数据，也就是一个对象继承方法所实现的功能。此外，对象继承字段，在函数式编程中可以通过一个接收父类型对象返回子类型对象的函数或合并对象来实现。总而言之，面向对象编程的继承性在函数式编程中天然具有替代品或者很容易实现。

9.1.3　多态性

面向对象编程中的多态性概念与本书一直所用的类型理论中的多态性概念不是同一概念。就表现而言，它指的是一段代码应用于不同类型的对象时，可以有不一样的行为。这些对象的类型继承自同一个父类型，或者实现同一个接口，代码调用父类型或接口中规定的方法，而在对象的各个具体类型中分别以不同的方式覆写或实现了这些方法。就实现机制而言，用后期绑定或动态分派这些容易理解的名称更能表达其本质。以有类型标注的语言为例来说明，调用某个变量所绑定对象的方法，该变量被声明为某个类型，但是其指向的对象是该类型的某个子类型，该子类型覆写了所调用的方法。静态类型检查在编译时确定变量所属的父类型具有被调用的方法，而程序运行时执行父类型还是子类型包含的方法（互为重载函数），则可以有不同的选择。语言如果在编译时将调用代码绑定到父类型的方法，称为早期绑定；如果等到运行时根据所知的对象的类型分派到执行子类型的方法（相当于根据对象和参数的类型在重载函数间选择匹配的那一个），则称为后期绑定。后期绑定实现了接口调用和接口实现的分离，给程序的开发、扩展和维护带来了巨大的好处。

存在早期和后期绑定选择的前提是变量和对象所属的类型不一致，假如这个前提不存在，比如说在完全没有类型标注的结构或鸭子类型的语言中，只有可能根据对象或其所属的类型去确定执行的方法。JavaScript 就是这样的情况，调用一个对象的方法时，先在该对象上查找。若没有找到则，在它的原型上查找，一直重复该逻辑，直至找到定义的方法或者在对象和原型链上都没有找到。这样实现的效果也可以归类进后期绑定，但实际上不存在与之相反的早期绑定的可能，只要 JavaScript 的对象能继承和覆写方法，调用对象方法时的行为就必然如此。

```
class Person {
    constructor(name) {
        this.name = name;
        this.mileage = 0;
    }

    moveForAnHour() {
```

```
    }
}

class Walker extends Person {
    moveForAnHour() {
        this.mileage += 4;
    }
}

class Biker extends Person {
    moveForAnHour() {
        this.mileage += 10;
    }
}

class Driver extends Person {
    moveForAnHour() {
        this.mileage += 50;
    }
}

function lives(person) {
    //...
    person.moveForAnHour();
    //...
}

let walker = new Walker('Alice'),
    biker = new Biker('Mike'),
    driver = new Driver('Steve');

lives(walker);
lives(biker);
lives(driver);
f.log(walker, biker, driver);
//=> Walker {name: "Alice", mileage: 4}
//=> Biker {name: "Mike", mileage: 10}
//=> Driver {name: "Steve", mileage: 50}
```

3 个子类型 Walker、Biker 和 Driver 都继承自类型 Person，分别覆写了父类型中的 moveForAnHour 方法。lives 函数接收 Person 类型的参数，并调用它的 moveForAnHour 方法。最后程序分别创建了 3 个子类型的实例，将它们传递给 lives 函数，运行的结果是对于不同类型的实例，moveForAnHour 方法显示出不同的行为。

如果把早期和后期绑定移植到函数式编程，就变为一个变量被声明为某个类型，但是其绑定的对象是该类型的某个子类型。存在参数分别为父子类型的重载函数，将变量传递给该函数时，静态类型检查确保变量的类型与至少一个重载函数的参数类型匹配（此时为参数是父类型的函数）。假如语言在编译时将调用绑定到参数类型匹配的重载函数，就属于早期绑定；假如等到运行时根据对象的类型查找到与之类型最匹配的重载函数，就属于后期绑定。但现实中函数式编程的语言大多为了具备隐式参数多态性等特性，没有类型标记，既不存在变量和对象的类型不一致，也不可能有参数类型不同的重载函数，因此也就不可能直接具备后期绑定的效果——一个函数应用于不同类型的对象，展现出不同的行为。

后期绑定主要是用于基于接口的编程，其中接口的调用者只使用作为父类型的接口，接口的实现者完全不同的子类型，再通过某种机制将两者结合起来。后期绑定使得接口的调用者无须关心接口的具体实现，但又能和运行时获得的接口实例合作，展现出不同的行为。在函数式编程中实现这样的功能并不难。针对不同类型的对象，可以编写不同行为的函数（相当于和对象一同构成接口的实现者），不过它们或者具有不同的名称，或者具有同样的名称时就必须包含在不同的容器对象内（如模块）。程序员有选择地将它们和对应类型的对象传递给某个函数（相当于接口的调用者），该函数就可以依据不同的对象和函数参数，展现出不同的行为。

```
function newPerson(name) {
    return {
        name: name,
        mileage: 0
    };
}

function walkForAnHour(person) {
    return {
        name: person.name,
        mileage: f.add(person.mileage, 4)
    };
}

function bikeForAnHour(person) {
    return {
```

```
            name: person.name,
            mileage: f.add(person.mileage, 10)
        };
    }

    function driveForAnHour(person) {
        return {
            name: person.name,
            mileage: f.add(person.mileage, 50)
        };
    }

    function lives2(moveForAnHour, person) {
        //...
        return moveForAnHour(person);
        //...
    }

    f.log(lives2(walkForAnHour, newPerson('Alice')));
    //=> {name: 'Alice', mileage: 4}

    f.log(lives2(bikeForAnHour, newPerson('Mike')));
    //=> {name: 'Mike', mileage: 10}

    f.log(lives2(driveForAnHour, newPerson('Steve')));
    //=> {name: 'Steve', mileage: 50}
```

因为数据和函数分离，面向对象编程中的 Walker、Biker、Driver 这 3 个类型在这里简化为同一个 Person 类型，Person 对象由 newPerson 函数创建，针对该类型对象的 3 种行为，创建了 3 个函数。livs2 函数在应用于 Person 类型的具体实例时，需要展示不同的行为，该行为通过 moveForAnHour 函数参数传递。程序在本质上实现了和上一版本同样的功能。或许有人会认为调用函数时传递两个参数，并且要针对一个通用类型的不同实例选择恰当的函数，从使用者的角度来说不如第一个版本方便。那么我们也可以像对象那样将数据和对应的处理函数合为一体，这里的关键是容纳数据和函数的对象仅仅是它们的容器，就像一个结构体，有些成员是数据，另一些成员是函数。对象之间没有继承关系，其中的函数像普通函数一样完全通过参数来接收数据，通过返回值来体现结果，不会使用 this 关键字来访问对象的属性。这样我们有了函数式编程的第二个版本：

```
    function newWalker(name) {
```

```
    return {
        name: name,
        mileage: 0,
        moveForAnHour: walkForAnHour
    };

    function walkForAnHour(walker) {
        return {
            name: walker.name,
            mileage: f.add(walker.mileage, 4),
            moveForAnHour: walkForAnHour
        };
    }
}

function lives3(person) {
    //...
    return person.moveForAnHour(person);
    //...
}

f.log(lives3(newWalker('Alice')));
//=> {name: "Alice", mileage: 4, moveForAnHour: f}
```

9.2　JavaScript 面向对象编程

　　面向对象编程有两种实现路径：基于类的和基于原型的。两者的差异源于世界观，基于类的模型认为任何一个对象都属于某个类，所有同类的对象都具有相同的字段和方法，称为该类的实例。类就是这些实例的模板，在其中定义它们共同的字段和方法。类之间可以建立继承关系，有些编程语言只允许某个类继承自一个父类，有些则允许继承自多个父类。基于原型的模型则认为对象本身是第一位的，每个对象都包含自身的字段和方法。不存在固定的类来划分对象，或者说对象的类型是由其属性决定的，具有同样字段和方法的对象可以被视为属于同一类型[①]。对象没有先天的模板，它们之间的代码复用通过原型来实现。一个对象可以被设定为另一个对象的原型，这样后者就具备了前者的字段和方法，原理是在后者上存取和调用这些字段和方法时，会被自动委托到前者上。某个对象的原型又

————————————

① 下文谈到 JavaScript 中对象的类型时，指的都是这种含义。

可以设定自己的原型，从而构成一条原型链，类似于基于类的模型中的单一继承。

JavaScript 采用的是基于原型的对象模型，对象是通用的数据类型，可以包含任意的成员，并且对象在运行时可以修改。最初来自基于类模型背景的程序员使用 JavaScript 时，但他们发现这门语言没有他们熟悉的类和继承等语法，因此往往会先利用原型模拟出一套基于类的对象编程框架。思维惯性如此强大，以至于像微软这样的大公司开发出 ASP.NET技术的最初版本时，针对浏览器端的编程，首先做的都是通过一个繁杂的基础脚本库将JavaScript "改造"成基于类模型的语言，并构造出.NET 运行时的类型库。后来大家渐渐认识到基于原型模型的优点，JavaScript 中的面向对象编程就都转向依赖其原生的原型机制。鸭子类型、基于原型的对象模型、对象在运行时可修改，JavaScript 的这些高度灵活的特性使得用它进行面向对象编程时可以采用很多不同的方式，下面我们就对这些方式做梳理和比较，最后从函数式编程的角度给出评判和解决方案。

9.2.1　创建和修改单个对象

JavaScript 中的对象作为通用的复合数据类型，可以在运行时任意修改，因此创建特定对象最原始的方式就是应需临时修改这些通用的对象。

```
//用 Object 函数创建一个通用的空白对象。
let o = new Object();
//或者采用更简洁的对象的字面值。
let a = {};
a.value = 0;
a.increment = function () {
    this.value++;
    return this;
};
a.reset = function () {
    this.value = 0;
    return this;
};
```

假如预先知道一个对象的成员，就可以利用 JavaScript 方便的字面值语法一次性完成对象的创建。

```
let b = {
    _val: 0,
    current: function () {
        return this._val;
```

```
        },
        increment: function () {
            this._val++;
            return this;
        },
        reset: function () {
            this._val = 0;
            return this;
        }
    };
```

9.2.2 克隆和复制属性

假如要用到多个相同的或稍有差别的对象，不必每个都从头创建，而可以对已有的对象进行克隆，再根据需要修改所得的副本。

```
let c = f.clone(b);
c.name = 'counter';
```

以上创建对象的方式中，对象的属性都只有一个来源，如果需要组合多个现有对象，则需要将某个对象的属性复制到另一个对象上。

```
let d = {
    name: 'Tom',
    age: 18
};
Object.assign(d, c);
f.log(d.current());
//=> 0
```

`Object.assign` 方法只能复制一个对象自身的可遍历的属性值，如果要复制其他属性值，或者要复制完整的属性，包括属性是否只读、能否遍历等性质以及对应的存取函数，则必须通过类似于 `cloneProps` 函数的自定义代码来实现。

9.2.3 原型

让一个对象具备另一个对象的属性的另一种途径是 JavaScript 的内在的原型机制。与复制属性时对象获得的是原属性的副本不同的是，对于所有通过原型继承某一属性的对象来说，该属性只有一份，即存在于原型上。也就是说所有继承该属性的对象和它们的原型共享该属性，一旦通过它们中任何一个对象修改了该属性，其他对象都能立即看到改变。下面的代码分别演示了为一个既有的对象和一个新对象设置原型。

```
//设置一个既有对象的原型。
let e = {
    name: 'Tom',
    age: 18
};
Object.setPrototypeOf(e, c);
f.log(e.current());
//=> 0

//创建一个原型为给定对象的新对象。
let g = Object.create(c);
g.name = 'Tom';
g.age = 18;
f.log(g.current());
//=> 0
```

一个对象假如只能从单个对象继承属性，则称为单一继承。一个对象如果能从多个对象继承属性，则称为多重继承。JavaScript 的原型机制实现的是单一继承。

9.2.4 建构函数

对象的字面值最适用于创建单个与众不同的或一次性使用的对象，如果经常需要某类结构相同的而字段值有差异的对象，每次都使用字面值来创建显然不方便，而通过克隆和修改也显得烦琐。这种情况下采取修改通用对象的方式，再将其代码提取成函数，调用起来更加便捷，这就是 JavaScript 中对象的建构函数。

```
function Counter() {
    this._val = 0;
    this.current = function () {
        return this._val;
    };
    this.increment = function () {
        this._val++;
        return this;
    };
    this.reset = function () {
        this._val = 0;
```

```
            return this;
        }
    }

    let a = new Counter();
```

通过修改通用对象、字面值和前面的建构函数创建的对象，有一个共同点，那就是对象的属性都是可以公开读写的。JavaScript 不像 Java 等语言那样拥有存取等级限定符，可以设定公开、私有等不同存取等级的属性，换句话说，对象是透明的，内外无差别的。希望仅从内部访问的属性只能在名称上加以标记，例如计数器对象的 _val 字段。要想确保数据的隐私性，只能利用闭包。

```
    function CounterWithPrivacy() {
        let val = 0;
        this.current = function () {
            return val;
        };
        this.increment = function () {
            val++;
            return this;
        };
        this.reset = function () {
            val = 0;
            return this;
        }
    }

    let b = new CounterWithPrivacy();
```

在 CounterWithPrivacy 函数创建的对象中，val 不再是外界可以读写的字段，而是仅有对象的各个方法可以访问的私有数据。

用以上两种建构函数创建的对象的属性是独立的，也就是说，每个对象的属性都是新建的，修改一个对象的属性不会影响到其他对象。对象的属性包括字段和方法：字段是数据，大多数情况下需要的是各个实例拥有自己独立的数据（在某些情况下也会需要共享的数据，例如 Java 实例中的静态字段）；方法是函数，所有实例的同名方法的行为都应该是相同的，不被改动的。所以属性独立对字段来说是合适的，但对方法来说，为每个实例创建全新的函数则不必要，并且一个函数一般比一个数据字段占据的空间大，创建所需的时间长，运行同一个函数还有利于优化，这些因素都加剧了独立方法的浪费。所幸闭包再次可以为我们所用，让建构函数创建的实例具有独立的字段和共享的方法。

```
const CounterWithSharedMethods = (function () {
    const methods = {
        current() {
            return this._val;
        },
        increment() {
            this._val++;
            return this;
        },
        reset() {
            this._val = 0;
            return this;
        }
    };
    return function () {
        this._val = 0;
        Object.assign(this, methods);
    }
})();

let c1 = new CounterWithSharedMethods(), c2 = new CounterWithSharedMethods();
f.log(c1.increment().current(), c2.current());
//=> 1 0

f.log(c1.increment === c2.increment);
//=> true
```

在上面的代码中，外套函数用一个对象常量定义计数器拥有的方法，内嵌函数定义计数器的字段，并且将方法复制到返回的实例上。所有的计数器实例共享保存在闭包中的方法。"鱼与熊掌不可兼得"，在采用这种方案时，对象的私有字段不能像 CounterWith Privacy 做的那样保存在闭包中，否则将被所有的实例共享，所以对象的字段恢复了可公开读写的性质。

9.2.5　建构函数与类型继承

原型机制能够让一个对象从另一个对象继承属性，要让一个类型从另一个类型继承属性，就要借助建构函数。如前文所述，JavaScript 中的对象不属于固定的预定义的某个类，不过当某些对象拥有相同的属性，用于同样的用途时，就可以被归为某个类型。建构函数创建的对象正具有这些特点，所以我们可以从形式上认为一个建构函数代表着一个类型，该函数创建的对象都属于该类型，这些对象没有表示类型的属性，它们与建构函数的联系可以通过两种方式显示出来：一是每个对象的 constructor 属性都指向创建它的建构函数；二是某个对象是否由某个建构函数创建，可以用 instanceof 操作符检测。

要让一个类型继承另一个类型的属性，从建构函数的角度来看，只需要在后者的建构函数中调用前者的建构函数。

```
function Counter() {
    this._val = 0;
    this.current = function () {
        return this._val;
    };
    this.increment = function () {
        this._val++;
        return this;
    };
    this.reset = function () {
        this._val = 0;
        return this;
    }
}

function AdjustableCounter(step = 1) {
    Counter.call(this);
    this._step = step;
    this.increment = function () {
        this._val += this._step;
        return this;
    };
    this.set = function (val) {
        this._val = val;
        return this;
    };
}

let a = new AdjustableCounter(2);
f.log(a.increment().current(), a.set(5).current(), a.reset().current());
```

```
//=> 2 5 0
```

　　为了方便，我们也采用基于类的面向对象编程中的术语。当两个类具有继承关系时，把继承的类称为子类，被继承的类称为父类，它们的建构函数分别称为子类和父类的建构函数，或者在含义明确的时候直接用子类和父类的指称其建构函数。上面的代码中 `Counter` 是父类，`AdjustableCounter` 是子类，子类继承了父类的字段和方法，还可以覆写继承的方法或添加新的方法。

　　上面的代码中因为采用的是简单的建构函数，同一类型的每个实例都包含一套独立的方法，这种做法的缺点和改进方案在 9.2.4 节里已经介绍了，因此我们可以改用共享方法的建构函数来实现类型继承。

```javascript
const Counter = (function () {
    const methods = {
        current() {
            return this._val;
        },
        increment() {
            this._val++;
            return this;
        },
        reset() {
            this._val = 0;
            return this;
        }
    };
    return function () {
        this._val = 0;
        Object.assign(this, methods);
    }
})();

const AdjustableCounter = (function () {
    const methods = {
        increment() {
            this._val += this._step;
            return this;
        },

        set(val) {
```

```
            this._val = val;
            return this;
        }
    };
    return function (step = 1) {
        Counter.call(this);
        this._step = step;
        Object.assign(this, methods);
    }
})();

let a = new AdjustableCounter(2);
f.log(a.increment().current(), a.set(5).current(), a.reset().current());
//=> 2 5 0
```

有些读者或许已经意识到，既然一个类型继承另一个类型仅需在前者的建构函数中调用后者的建构函数，那么同时继承多个类型也没有任何困难，只需要在子类的建构函数中分别调用多个父类的建构函数。父类的建构函数接收的参数未必相同，子类的建构函数就必须接收这些参数的合集，然后在调用父类的建构函数时分别传递合适的参数。多重继承可能存在属性冲突的情况，也就是两个或更多的父类具有同名的属性，这里的处理办法是调用父类的建构函数时，后出现的父类的属性会覆盖前出现的父类的同名属性。类型的实现依旧采用共享方法的建构函数，为了省去每次定义一个类型都要写一个 IIFE 的麻烦，我们抽象出一个创建类型的函数。

```
export function createClass(methods, constructor) {
    return function (...args) {
        constructor.call(this, ...args);
        Object.assign(this, methods);
    }
}
```

再用该函数来定义父类和子类。下面的代码中子类 Bird 继承了父类 Walker 和 Flyer 的所有属性，并且可以新增和覆写方法。

```
const Walker = f.createClass({
    mileage() {
        return this.value;
    },
    walk() {
        this.value++;
```

```
            return this;
        }
}, function (val = 0) {
    this.value = val;
});


const Flyer = f.createClass({
    fly() {
        this.flying = true;
        return this;
    },
    land() {
        this.flying = false;
        return this;
    }
}, function (flying = false) {
    this.flying = flying;
});


const Bird = f.createClass({}, function (val = 0, flying = false) {
    Walker.call(this, val);
    Flyer.call(this, flying);
});


let b = new Bird(4, false);
f.log(b.walk().mileage(), b.fly().flying);
//=> 5 true

//覆写继承的 walk 方法。
b.walk = function (val = 1) {
    this.value += val;
    return this;
};


f.log(b.walk(2).mileage());
//=> 7
```

9.2.6　原型与类型继承

9.2.5 节介绍的类型继承方案并不是唯一的选项，JavaScript 的程序员熟悉的是另一种古老的方案。说人们更熟悉它，是因为它依赖 JavaScript 的内置的原型机制，而原型是 JavaScript 最为人所知的特性之一（至少掌握它的人比理解 9.2.5 节用到的闭包的人多）；说它更古老，是因为它所使用的技术——建构函数的 prototype 属性——是 JavaScript 的最早的功能，在 ECMAScript 1 标准中就已记录，而 9.2.5 节介绍的方案中用到的不可取代的函数的 call 或 apply 方法，要到 ECMAScript 3 才会出现。

建构函数适用于创建具有相同属性的一类对象。原型使得一个对象可以从另一个对象继承属性。如何将两者结合起来，使一类对象都继承自一个原型？这个巧妙的结合点就是建构函数的 prototype 属性，它的值是一个对象。由某个建构函数创建的所有实例的原型都被自动指向为该函数的 prototype 属性值，也就继承了该对象的行为。建构函数在语法上与其他函数没有差别，每个函数都能够以建构函数的方式调用，也就是使用 new 操作符。所以 JavaScript 中所有的函数都具有 prototype 属性，包括各种内置对象的建构函数，如 Object、Function，这些内置对象的实例所具有的共同行为就是通过其建构函数的 prototype 对象的方法定义的。

如 9.2.4 节所述，对象的字段需要独立，方法适宜共享，所以建构函数和原型在一起使用时，通常在建构函数中定义字段，在建构函数的 prototype 对象上定义方法。注意建构函数的闭包和 prototype 属性是不兼容的，采用闭包容纳私有数据时，就不能通过建构函数的 prototype 属性来定义对象的方法，因为那些方法只能存取对象的属性，无法读取建构函数闭包中的变量。由此可见，不可能同时让对象拥有私有数据和共享的方法，在这一点上，无论是结合使用原型和建构函数还是如 9.2.4 节单纯使用建构函数来表示类型，都是如此。

```
function CounterWithPrototype() {
    this._val = 0;
}


CounterWithPrototype.prototype.current = function () {
    return this._val;
};
CounterWithPrototype.prototype.increment = function () {
    this._val++;
    return this;
};
```

```
CounterWithPrototype.prototype.reset = function () {
    this._val = 0;
    return this;
};


let c = new CounterWithPrototype();
```

这样一来，一个类型的代码就分为建构函数及其 prototype 对象上定义的方法两部分。要通过原型实现类型之间的继承性，就必须在代表不同类型的建构函数之间建立关系。字段和方法依其不同的性质和行为，继承的方式不一样。继承的字段不能在实例间共享，只能在子类的建构函数内定义。做法与 9.2.5 节中采用的一样，先调用父类的建构函数，以获得父类的字段，再设定子类自身的字段。继承方法的关键是使得子类建构函数的 prototype 属性值的原型指向父类建构函数的 prototype 属性值。有两种方式可以做到这一点，一是把子类的建构函数的 prototype 属性设为父类的新实例，然后在该实例上添加子类的方法；二是通过 Object.setPrototypeOf 方法或 __proto__ 属性等手段显式地设置原型，子类的方法可以在设置原型之前或之后添加。

```
function Counter(val) {
    this._val = val;
}


Counter.prototype.current = function () {
    return this._val;
};
Counter.prototype.increment = function () {
    this._val++;
    return this;
};
Counter.prototype.reset = function () {
    this._val = 0;
    return this;
};


function AdjustableCounter(val = 0, step = 1) {
    Counter.call(this, val);
    this._step = step;
}


AdjustableCounter.prototype.increment = function () {
```

```
        this._val += this._step;
        return this;
    };
    AdjustableCounter.prototype.set = function (val) {
        this._val = val;
        return this;
    };
    Object.setPrototypeOf(AdjustableCounter.prototype, Counter.prototype);

    let a = new AdjustableCounter(0, 2);
    f.log(a.increment().current(), a.set(6).current());
    //=> 2 6
```

上述实现继承性的代码是很零散的，所以许多脚本库都将它们包装起来，变成使用简便的函数。ECMAScript 2015 引入了新的 class 语法，形式上与基于类的面向对象语言相似，不过这仅仅是语法糖。JavaScript 的基于原型的继承机制没有改变，class 语法只是让程序员能够用简洁的代码实现原本用建构函数和原型做到的功能。不难看出下面代码的各个部分与前两节代码之间的对应。

```
    class Counter {
        constructor(val = 0) {
            this._val = val;
        }

        current() {
            return this._val;
        };

        increment() {
            this._val++;
            return this;
        };

        reset() {
            this._val = 0;
            return this;
        }
    }

    class AdjustableCounter extends Counter {
```

```
    constructor(val = 0, step = 1) {
        super(val);
        this._step = step;
    }

    increment() {
        this._val += this._step;
        return this;
    };

    set(val) {
        this._val = val;
        return this;
    };
}

let a = new AdjustableCounter(0, 2);
f.log(a.increment().current(), a.set(6).current());
//=> 2 6
```

9.2.7　Proxy 与对象继承

　　建构函数和原型实现类型继承的路径不同，前者是让子类的实例拥有父类的属性，后者是通过委托的方式使子类的实例可以访问父类的属性，前者允许多重继承，后者仅能单一继承。有趣的是，同样是依靠委托的机制，利用 ECMAScript 2015 引入的 Proxy，JavaScript 也可以实现对象的多重继承。Proxy 允许程序员修改对某个对象的基本操作的行为，如读写属性值、检查对象是否包含某个属性、获得对象的原型、将某个函数作为建构函数调用等。下面的 inherits 函数接收一个目标对象和任意多个它要继承的对象，返回一个 Proxy 对象。该 Proxy 实例就相当于已经完成了多重继承的目标对象，读取它的属性时，会先后在原始的目标对象和被继承的对象上查找。可以看出，目标对象和被继承对象之间是一种委托关系，与对象和其原型之间的关系一样。

```
export function inherits(obj, ...bases) {
    let chain = [obj].concat(bases);
    let handler = {
        get(target, prop) {
            let owner = chain.find((o) => Reflect.has(o, prop));
            return owner === undefined ? undefined : owner[prop];
```

```
        },
        has(target, prop) {
            return chain.some((o) => Reflect.has(o, prop));
        }
    };
    return new Proxy(obj, handler);
}
```

为了避免原型和多重继承同时存在导致的概念混乱和复杂性（被多重继承的对象的原型和原型所多重继承的对象等），采用多重继承的对象不再依赖原型，单个对象可以用字面值创建，类型则用不依赖原型的建构函数实现。被多重继承的对象可能具有名称冲突的字段，这时如果将这些字段用对象的私有数据来表示，它们的存取就彼此不会有干扰。

```
function Counter(val = 0) {
    let value = val;
    this.current = function () {
        return value;
    };
    this.increment = function () {
        value++;
        return this;
    };
    this.reset = function () {
        value = 0;
        return this;
    }
}

function Walker(val = 0) {
    let value = val;
    this.mileage = function () {
        return value;
    };
    this.walk = function () {
        value++;
        return this;
    };
}

let a = {size: 10};
```

```
let b = f.inherits(a, new Walker(10), new Counter());
//b 具有了它所继承的对象的方法和私有数据并且互无干扰。
f.log(b.increment().current(), b.walk().mileage());
//=> 1 11
```

假如确定被多重继承的对象没有同名的字段，就可以改用性能更好的共享方法的建构
函数。在丧失私有数据的同时，它的一个好处是对象可以访问继承的字段，也就可以覆写
和添加使用这些字段的方法。

```
const Walker = f.createClass({
    mileage() {
        return this.value;
    },
    walk() {
        this.value++;
        return this;
    }
}, function (val = 0) {
    this.value = val;
});


const Flyer = f.createClass({
    fly() {
        this.flying = true;
        return this;
    },
    land() {
        this.flying = false;
        return this;
    }
}, function (flying = false) {
    this.flying = flying;
});

let o = {};
let p = f.inherits(o, {age: 10}, new Walker(4), new Flyer());

f.log(p.age, p.walk().mileage(), p.fly().flying);
//=> 10 5 true
```

```
p.walk = function (val = 1) {
    this.value += val;
    return this;
};


f.log(p.walk(2).mileage());
//=> 7
```

inherits 函数实现的是对象的继承，要实现类型的继承，就必须在子类的建构函数中返回它创建的 Proxy，而通常建构函数返回的是 this 指向的对象。虽然可以使用 return 语句来返回其他值，不过当这样编写建构函数时，就不如转而采用 9.2.9 节介绍的工厂函数，障碍就不存在了。所以利用 Proxy 实现类型继承的代码将在 9.2.9 节给出。

9.2.8　Mixin

单一继承使代码复用受到很大限制，子类型要想拥有父类型以外其他类型的功能，只能重复开发，或者就要把具有不同功能的类型塞进单一继承的链条，迅速增加类型的数量和层次。最后在面对一个巨大的类型树时，很有可能用户的处境仍然是既找不到拥有合适功能的类型来直接使用或扩展，选用的类型又带有太多不必要的功能。

多重继承解决了单一继承的问题。另一种技术也能起到类似多重继承的作用——Mixin。Mixin 一词来源于一家名叫 Steve's Ice Cream 的冰淇淋店让顾客往冰淇淋里混合坚果、饼干和软糖等零食。在面向对象编程中，Mixin 指的就是一种特殊的类或对象，它们只包含方法，这些方法可以为其他类或对象使用。使用的机制由允许 Mixin 的语言决定，包括多重继承、注入和委托等。Mixin 和多重继承的差别有两点：一是前者仅涉及方法的重用，后者则可能包含字段；二是使用 Mixin 的类或对象与 Mixin 之间不必是继承的关系，只要能使用其方法就可以。

理论上一个对象要拥有某些定义好的属性，只有两种可能的渠道：在对象上设置属性（直接写入或复制）和委托给拥有这些属性的对象。前面所介绍的单纯使用建构函数来实现类型继承，采用的是设置；利用原型和 Proxy 实现的对象继承，采用的是委托。同样在 JavaScript 中，实现 Mixin 也离不开使用实现继承所用的手段，所不同的仅仅是思路和观念。

我们通过一座桥梁来看看怎样从继承过渡到 Mixin。普通的建构函数为 this 所指的对象设置属性，this 所指的是调用建构函数时新建的对象。假如把它换成从参数接收的对象，最后再返回该对象，函数的功能就变成为任意传递给它的对象设置属性。我们不妨把这样的函数称为加工函数。加工函数在为对象设置方法时，方法的参数也可以通过嵌套的加工函数定义。下面的代码就将原本有继承关系的两个类的建构函数改写成了加工函数，并通过它们来使一个既有对象拥有那两个类的属性。

```javascript
function withCounter(obj) {
    obj._val = 0;
    obj.current = function () {
        return this._val;
    };
    obj.increment = function () {
        this._val++;
        return this;
    };
    obj.reset = function () {
        this._val = 0;
        return this;
    };
    return obj;
}

function adjustable(step = 1) {
    return function (obj) {
        obj._step = step;

        obj.increment = function () {
            this._val += this._step;
            return this;
        };

        obj.set = function (val) {
            this._val = val;
            return this;
        };

        return obj;
    }
}

let a = {name: 'Peter'};
a = adjustable(2)(withCounter(a));
f.log(a.increment().current());
//=> 2
```

```
f.log(a.reset().current());
//=> 0
```

假如传递给加工函数的对象已经具备了该函数设置的字段，加工函数的相关代码就可以省去，加工函数就变成了一种函数形式的 Mixin。它还可以进一步优化，比如返回克隆的对象参数以消除副作用和通过闭包来保存私有数据。为了获得对象形式的 Mixin，我们只需把加工函数设置的方法定义在一个对象常量中，再通过 Object.assign 复制到需要它们的对象上。

```
let b = {name: 'Peter', val: 1, step: 2};
const withCounter2 = {
    current() {
        return this.val;
    },
    increment() {
        this.val++;
        return this;
    },
    reset() {
        this.val = 0;
        return this;
    }
};

const adjustable2 = {
    increment() {
        this.val += this.step;
        return this;
    },

    set(val) {
        this.val = val;
        return this;
    }
};

Object.assign(b, withCounter2, adjustable2);
f.log(b.set(4).current());
//=> 4
```

　　为了让对象共享 Mixin 中的方法，我们可以将它们复制到对象建构函数的 prototype 属性值上。

```
function Foo(name, val = 0, step = 1) {
    this.name = name;
    this.val = val;
    this.step = step;
}

let c = new Foo('Peter', 1, 2);
Object.assign(Foo.prototype, withCounter2, adjustable2);

f.log(c.set(3).increment().current());
//=> 5
```

9.2.9　工厂函数

　　在面向对象编程中，一个函数如果是用来创建对象的，则被称为工厂函数（Factory function）。建构函数就是工厂函数，但工厂函数并不限于建构函数。建构函数必须使用 new 操作符，一般的工厂函数则像普通函数一样调用。为了突出这样的函数和区别于建构函数，工厂函数的概念被缩小为特指以普通方式调用创建对象的函数。调用方式的改变导致工厂函数在代码和行为上有别于实现同样功能的建构函数。建构函数中的 this 会被绑定为自动创建的新对象，其原型指向建构函数的 prototype 属性值，函数只需修改该对象，函数退出时会自动返回该对象。工厂函数必须手工创建和返回对象，如果有需要，可以手工设定对象的原型为工厂函数的 prototype 属性值。

```
function counter() {
    function current() {
        return this._val;
    }

    function increment() {
        this._val++;
        return this;
    }

    function reset() {
        this._val = 0;
        return this;
```

```
    }

    return Object.setPrototypeOf({
        _val: 0,
        current: current,
        increment: increment,
        reset: reset
    }, counter.prototype);
}

let c = counter();
f.log(c.increment().current());
//=> 1
```

counter 函数是一个与 9.2.4 节中的建构函数 Counter 相对应的工厂函数，两者创建的对象从属性到继承原型毫无差异。相应于 9.2.4 节中的分析，工厂函数也可以被改进成使对象拥有私有数据和共享的方法。

```
//创建具有私有数据对象的工厂函数。
function counter() {
    let val = 0;

    //下列方法也可以集中定义在一个对象常量中，再复制到返回的实例里。
    //分开定义是为了方便可能存在的方法间的相互调用，假如将方法定义
    //在对象常量中，彼此的调用就要使用 this 关键字。
    function current() {
        return val;
    }

    function increment() {
        val++;
        return this;
    }

    function reset() {
        val = 0;
        return this;
    }

    return Object.setPrototypeOf({
```

```
        current: current,
        increment: increment,
        reset: reset
    }, counter.prototype);
}

let c = counter();
f.log(c.increment().current());
//=> 1

//创建具有共享方法对象的工厂函数。
const counter = (function () {
    const methods = {
        current() {
            return this._val;
        },
        increment() {
            this._val++;
            return this;
        },
        reset() {
            this._val = 0;
            return this;
        }
    };
    return function () {
        //相较于前两个工厂函数用 Object.setPrototypeOf
        //设置返回对象的原型，这里使用的 Object.create
        //方法具有更好的性能。
        return Object.assign(Object.create(counter.prototype),
            {_val: 0}, methods);
    }
})();

let c = counter();
f.log(c.increment().current());
//=> 1
```

接下来，前面各节中建构函数的角色都可以由工厂函数来扮演。

- 单纯利用工厂函数实现类型继承。

- 结合工厂函数和原型，前者负责对象的字段，后者负责对象的方法。

- 利用工厂函数和原型实现类型继承。

- 利用工厂函数和 Proxy 实现类型继承。

- 结合工厂函数和 Mixin。

其中的有些角色根据所需的特性和抽象的程度还不止一种表演方法，除了第四项为了呼应 9.2.7 节末尾提到的问题将在下面实现。所有这些代码都留给读者做练习，对于开发智力、开拓思路、辨析 JavaScript 的特性和掌握其编程技能都大有裨益。

```javascript
const walker = (function () {
    const methods = {
        mileage() {
            return this.value;
        },
        walk() {
            this.value++;
            return this;
        }
    };
    return function (val = 0) {
        return Object.assign({value: val}, methods);
    }
})();

const flyer = (function () {
    const methods = {
        fly() {
            this.flying = true;
            return this;
        },
        land() {
            this.flying = false;
            return this;
        }
    };
    return function (flying = false) {
        return Object.assign({flying: flying}, methods);
```

```
    }
})();

const bird = (function () {
    const methods = {
        twitter(){
            f.log('La la la');
        }
    };
    return function (val = 0, flying = false) {
        return f.inherits({...methods}, new walker(val), new flyer(flying));
    }})();

let b = bird(4, false);
//对象具有继承的属性。
f.log(b.walk().mileage(), b.fly().flying);
//=> 5 true

//对象具有自身的属性。
b.twitter();
//=> La la la

//对象可以覆写继承的方法。
b.walk = function (val = 1) {
    this.value += val;
    return this;
};

f.log(b.walk(2).mileage());
//=> 7
```

「 9.3　函数式编程的视角 」

　　在上一节里，我们介绍了 JavaScript 面向对象编程的种种模式和风格，充分体现了 JavaScript 的灵活性。程序员可以选择自己喜欢和习惯的编程模式，这造就了 JavaScript 代码五彩纷呈的风格。然而从函数式编程的视角来看，这些编程模式和技巧就有了好坏之分，有些在函数式编程中还有用武之地，大部分则被理念不同的函数式编程的模式替代。

9.3.1　不可变的对象

面向对象编程的出发点是将数据和处理它们的函数封装成对象，以对象为视角和工具来对实际问题进行建模，代码的复用和开发都是以对象为单位。函数式编程以函数为中心，数据和函数保持分离，大量使用部分应用和复合的技术。至于依赖递归与强调纯函数和不变性等，则不是函数式编程与命令式编程的分野，在面向对象编程中也可以采纳。上一节介绍的各种模式中的对象都可以被改造成不可变的对象，以避免 6.3.5 节分析的可变类型可能导致的副作用。以工厂函数为例，下面的版本创建的就是不可变的对象。

```
const immutableCounter = (value = 0) => {
    const current = () => value;

    const increment = () => immutableCounter(value + 1);

    return {current, increment};
};

const c1 = immutableCounter();
const c2 = c1.increment();
f.log(c1.increment().current());
//=> 1

f.log(c1 === c2);
//=> false
```

因为 reset 方法不再修改当前对象，而是返回一个全新的计数器实例，与直接调用工厂函数毫无差别，所以被删除了。对于极简代码的爱好者，上述版本还可以进一步简化。

```
const immutableCounter2 = (value = 0) => ({
    current() {
        return value;
    }, increment() {
        return immutableCounter2(value + 1);
    }
});
```

注意在箭头函数表达式的箭头后面必须加上一对圆括号，以使 JavaScript 将返回的对象当作一个值来计算，否则对象字面值起始和末尾处的大括号会被解释成包围函数主体的代码。进一步的，共享方法的工厂函数也可以如法炮制。

```javascript
const immutableCounter3 = (function () {
    const methods = {
        current() {
            return this._val;
        },
        increment() {
            return counter(this._val + 1);
        }
    };

    function counter(value = 0) {
        return Object.assign({_val: value}, methods);
    }

    return counter;
})();

const c3 = immutableCounter3();
const c4 = c3.increment();
f.log(c3.increment().current());
//=> 1

f.log(c3 === c4);
//=> false
```

将建构函数和 Mixin 与其他面向对象编程的模式改造成使用不可变的对象，就留给有兴趣的读者做练习。

9.3.2　评判面向对象编程

以函数式编程的标准，面向对象编程的第一个问题是其中的函数不是一等值。不少专为面向对象编程设计的语言无法享受到函数是一等值的好处，也就缺乏进行函数式编程的基础。JavaScript 没有这个问题，对象的方法可以作为参数传递，可以被返回，可以被赋予变量。但是方法的调用对象通过 this 关键字传递，而当方法像函数一样作为一等值运用时，this 绑定的值往往不正确。

面向对象编程的第二个问题是方法所属的对象作为特殊的参数，不像其他函数参数那样传递，因此方法难以像函数那样采用部分应用和复合的技术。所以函数式编程的做法是保持数据和函数的分离，即使出于方便组织代码和传递数据的需要将数据和函数置于一个容器内，函数也和容器没有任何绑定关系，也就是不依赖 this，函数所需的变量数据全部以参数方式传入。函数式编程中所说的对象便是指这样的复合数据或容器。从这一点出发，再加上对纯函数的要求，我们来评判和改造 9.2 节介绍的各种模式和技术。

用字面值创建对象没有副作用，修改对象的属性则有。所以前者符合函数式编程的精神，后者最好限制于函数内的变量，不要对参数使用。

克隆操作没有副作用，因为 JavaScript 内置的对象是可变的，所以克隆在避免函数的副作用时十分有用。将一个对象的属性复制到另一个对象，在最一般的情况下，涉及源对象、目标对象和待复制的属性名称，最直接的想法是用一个函数完成。函数签名为 copy(source, dest, names)，目标对象可以是现有对象或缺省（新创建的对象），属性名称可以是字符串数组或缺省（复制所有的属性），因此该函数一共可以处理 4 种情况。另一种方案是创建两个较简单的函数，pick(source, names) 和 assign(object, source)。前者摘取一个对象的若干属性，组成一个新对象；后者将一个对象的所有自身属性复制给另一个对象。组合使用这两个函数，可以实现第一个函数的所有功能，而且调用时更方便灵活。新的 API 还有一个问题，就是会改动参数中的目标对象。更符合函数式编程风格的 API 应该是用合并两个对象的 merge 函数来取代 assign 函数。最后，我们按照函数式编程的习惯调整 pick 函数的参数顺序，就得到了从函数式编程的角度解决复制对象属性问题的两个函数。

```
export function pick(names, source) {
    let ret = {};
    for (let n of names) {
        set(n, get(n, source), ret);
    }
    return ret;
}


export function merge(o1, o2) {
    // 在支持对象散布属性的 JavaScript 引擎中，可以使用下列简洁的语句。
    // return {...o1, ...o2};
    let obj = {...o1};
    Object.assign(obj, o2);
    return obj;
}
```

原型是 JavaScript 的内置的继承机制，它的问题是只能进行单一继承，单一继承的缺点在 9.2.8 节已经分析过了。所以即使要采用面向对象编程，9.2.5 节、9.2.7 节和 9.2.9 节介绍的多重继承与 9.2.8 节介绍的 Mixin 都是更好的替代方案。

　　建构函数是 JavaScript 的为了方便创建对象设立的语法，它必须配合 new 操作符使用，与普通函数调用方式的差别不仅不方便函数式编程，还有可能引发错误（程序员因为不了解或不小心将建构函数当作普通函数调用，导致全局对象的属性被修改）。建构函数的自动行为也限制了代码功能的可能性和灵活性，所以函数式编程采用没有以上缺点的工厂函数来创建对象。

　　多重继承和 Mixin 同样强大，不过后者的实现更简单，应用时也更为灵活，既可以针对单个对象，也可以结合工厂函数和原型对一个类型的对象生效，所以更为可取。于是我们得出在 JavaScript 面向对象编程的阵营中，Mixin 技术是最为灵活和强大的。再看 Mixin 的理念，数据和处理它们的函数分开定义，只是在使用时才结合成对象，这距离函数式编程的做法只有一步之遥。如果我们不做最后一步的结合，并且不再通过 this 来传递函数操作的对象，Mixin 就转化成了函数式编程的代码。

```
//函数式编程中的模块相当于Mixin。
const module1 = {
    current: (obj) => obj.value,
    increment: (obj) =>
        f.set('value', f.inc(obj.value), obj)
};

const module2 = {
    increment: (obj) =>
        f.set('value', f.add(obj.step, obj.value), obj),

    set: f.curry((val, obj) =>
        f.set('value', val, obj))

};

let o = {name: 'Peter', value: 1, step: 2};
f.log(module1.current(module2.set(4, o)));
//=> 4

//结合工厂函数。
function counter(val, step) {
    return {
        value: val,
```

```
        step: step
    };
}

let c = counter(1, 2);
const fn = f.pipe(module2.set(3), module2.increment, module1.current);
f.log(fn(c));
//=> 5
```

　　回顾 9.1 节～9.3 节的内容，JavaScript 中的面向对象编程不可谓不灵活，但是采用种种或烦琐或精巧的技术所实现的功能，函数式编程都能用更简洁明了的方式做到。反过来函数式编程中对抽象算法和复用代码有巨大帮助的高阶函数和复合等技术，面向对象编程却没有对应的技术。虽然纯函数和不可变的数据对任何一种编程范式都有好处，但函数式编程对此原则性的要求最能鼓励程序员遵循这些思想。从面向对象转换到函数式编程，既是编程技术的转换，更是理念和思考方法的转换，它给程序员的回报是更少的、更易理解和维护的、更优美的代码。

9.4　方法链与复合函数

　　前文从编程范式的特点和技术方面分析了函数式编程相比于面向对象编程的优点，作为补充，本书的最后一节将从另一个角度展示如何从前者转换到后者——比较面向对象编程常用的方法链和函数式编程的复合技术。两者的代码看上去既有差异又有对应，背后则是完全不同的理念和思路。

9.4.1　方法链

　　JavaScript 程序员在进行面向对象编程时有许多模式和技术可以选择，但在一点上，他们的偏爱是共同的，这就是方法链（Method chaining）。方法链是指连续调用方法的一种类似锁链的形式，每一步调用的方法返回的都是一个对象，下一步调用的就是该对象的某个方法，省去了用变量保存中间结果的代码。方法链使代码紧凑流畅，许多脚本库都有意设计成能以方法链的形式调用。而要使一个对象的方法能参与方法链，实际上很简单。如果该方法原本返回的就是某个对象，无需任何改动；如果该方法没有返回值，而是通过诸如修改对象的字段来体现效果，那只需改为返回对象本身。9.2 节中的代码样例就普遍采用了方法链，例如 9.2.9 节中的这一段：

//创建具有共享方法对象的工厂函数。

```
const counter = (function () {
    const methods = {
        current() {
            return this._val;
        },
        increment() {
            this._val++;
            return this;
        },
        reset() {
            this._val = 0;
            return this;
        }
    };
    return function () {
        return Object.assign(Object.create(counter.prototype),
            {_val: 0}, methods);
    }
})();

let c = counter();
f.log(c.increment().current());
//=> 1
```

    针对开发中经常使用的对象、数组和 DOM 元素等实体，JavaScript 社区创建了许多包含通用函数的脚本库。应用这些函数的一种常见方式就是将它们处理的数据包装在一个对象内，以方法链的形式调用，如 jQuery 和 Lodash 等。不过一个脚本库的函数毕竟有限，假如想在包装器对象上调用其他脚本库的或自定义的函数，该怎么办呢？JavaScript 的对象在运行时可修改的特性正好可以派上大用场。创建一个方法链的包装器对象，能够动态地添加函数，被添加的函数自动成为链式方法。有了这样通用的包装器对象，就可以正常编写脚本库，完工时再将其中的函数添加到包装器上，使脚本库具有更友好的使用方式。

```
export class Chain {
    //建构函数接收被包装的数据。
    constructor(raw) {
        this._raw = raw;
    }

    //添加单个函数，创建的链式方法默认采用函数的名称，但也可以采用指定的
```

```
    //其他名称。
    addFunction(fn, name = fn.name) {
        this.bindFunction(fn, name);
    }


    //批量添加函数。若函数中有匿名的，则必须使用 addFunction 为创建的
    //链式方法提供名称。
    addFunctions(...fns) {
        let fn_names = map((fn) => [fn, fn.name], fns);
        forEach(apply(bind(this, this.bindFunction)), fn_names);
    }


    //添加其他对象的方法。
    addMethod(fn, name = fn.name) {
        this.bindFunction(fn, name, true);
    }


    //批量添加方法。
    addMethods(...fns) {
        let fn_names = map((fn) => [fn, fn.name, true], fns);
        forEach(apply(bind(this, this.bindFunction)), fn_names);
    }


    //将添加的函数自动转化为可链式调用的方法。函数必须无副作用，否则若函数
    //的效果显示在参数上，如数组的 push 方法，就无法转化。
    bindFunction(fn, name, useThis = false) {
        this[name] = function (...args) {
            if (useThis) {
                this._raw = fn.apply(this._raw, args);
            } else {
                push(this._raw, args);
                this._raw = fn(...args);
            }
            return this;
        }
    }


    value() {
        return this._raw;
```

```
        }

    }
```

该包装器既可添加普通函数，又能添加其他对象的方法，转化成可链式调用的方法。添加函数时，将被包装的数据与所得方法接收的参数合并，用于调用原始函数，此处采用的惯例是被包装的数据用作原始函数的最后一个参数。添加方法时，将原始方法用到的 `this` 对象替换成被包装的数据。下面的代码是它的一个简单示例。

```
let arr = [0, [1, 2]];
let chain = new f.Chain(arr);
chain.addFunction(f.flatten);
chain.addMethods(Array.prototype.concat, Array.prototype.reverse);
f.log(chain.flatten().reverse().concat([-1, -2]).value());
//=> [2, 1, 0, -1, -2]
```

普通的方法链每调用一个方法，就立即执行，就像一个尽职的仆人，主人一安排任务，他立刻就去做。一种特殊的方法链则是在调用方法时只记住该方法，等到触发方法链的某个特殊的取值方法（如 `value`）时，才运行记住的方法序列，就像一个偷懒的仆人，直到主人要检查时，才动手做一直积累的工作。这样的方法链称为延迟的（懒）方法链（Lazy method chaining），延迟的方法链就和函数的延迟执行一样，可以在某些场合节省计算，提高效率。例如在下面的代码中，假如传递给 `count` 函数的 `useNewCounter` 参数为 `true`，计算另一个 `oldCounter` 参数的方法链就是不必要的。

```
let d = counter().increment().increment();

function count(oldCounter, useNewCounter) {
    let c;
    if (useNewCounter) {
        c = counter();
    } else {
        c = oldCounter;
    }
    //使用变量 c 指向的计数器对象。
    //...
}

count(d, true);
```

9.4.2 延迟的方法链

延迟的方法链在实现细节上有多种选择，比如调用方法时既可以返回一个新的包装器，又可以修改原有的包装器；既可以记住该方法和参数，又可以保存该方法部分应用参数后所得的函数。再比如调用取值方法时，既可以将结果更新到被包装的数据、返回该数据并且清空记住的方法，又可以保留记住的方法，仅返回执行方法的结果；后者再次调用取值方法时，又需要计算一次，因此又可以缓存执行方法的结果。不同的选择导致方法链在行为和使用上有细微的区别，这里给出的是一种最简单的实现。

```
export class LazyChain extends Chain {
    constructor(raw) {
        super(raw);
        this._calledFns = [];
    }

    bindFunction(fn, name, useThis = false) {
        this[name] = function (...args) {
            let lazyFn;
            if (useThis) {
                lazyFn = partial(unbind(fn), ...args);
            } else {
                lazyFn = partial(fn, ...args);
            }
            this._calledFns.push(lazyFn);
            return this;
        }
    }

    value() {
        this._raw = reduce(callRight, this._raw, this._calledFns);
        this._calledFns = [];
        return this._raw;
    }

}
```

下面的代码演示了延迟的方法链的行为，在最后调用取值方法前，被包装的数据显示调用的方法并未运行。为了展示批量添加方法的可能性，包装器对象一次性添加了数组的所有实例方法。另外还使用 dumpFlow 检查方法链执行时的中间结果。

```
let arr = [0, [1, 2]];
let lc = new f.LazyChain(arr);
const get = f.mcurry(f.get);
const arrayMethods = f.filter(f.isFunction,
    f.map(get(f._, Array.prototype),
        Object.getOwnPropertyNames(Array.prototype)));
lc.addMethods(...arrayMethods);
lc.addFunction(f.dumpFlow, 'dumpFlow');
lc.addFunctions(f.flatten, f.take);
lc = lc.concat(3).flatten().dumpFlow().reverse().take(3);
f.log(lc._raw);
//=> [0, [1, 2]]
f.log(lc.value());
//=> [0, 1, 2, 3]
//=> [3, 2, 1]
```

9.4.3　复合函数

有些读者在看到 LazyChain 类的 value 方法的代码时，或许已经想到了 5.3.1 节介绍的 pipe 函数。方法链在函数式编程中的替代物正是函数的复合技术。本质上方法链和复合做的都是函数的嵌套调用，前者通过上个函数返回的对象来传递下个函数的一个参数，后者则将若干一元函数合并在一起，上个函数的返回值成为下个函数的参数。方法链的使用者看重的是它调用时的简洁和方便，从代码的形式上看，函数复合相较于方法链就是将函数间的句号换成逗号。例如 9.4.2 节末尾的代码用复合函数来写就是这样：

```
let arr = [0, [1, 2]];
const concat = f.mcurry(f.concat);
const take = f.mcurry(f.take);
const fn = f.pipe(concat(f._, [3]), f.flatten, f.reverse, take(3));
f.log(fn(arr));
//=> [3, 2, 1]
```

函数的复合十分灵活，任何两个函数，只要一个的返回值类型与另一个的参数类型兼容，就能复合到一起。方法链的参与者则限于一个对象的方法，或者需要用包装去手工添加其他函数。方法链对返回对象方法的调用，实际上要求的是比复合函数更严苛的类型条件，即上一个方法返回的对象不仅要在类型上兼容于下一个调用的函数，而且该函数还必须是该对象的方法。比如在 9.4.2 节末尾的代码中的方法链返回的是一个数组，满足 zip

函数的参数类型要求，但因为 zip 不是包装器对象的方法，就不能继续链式调用该函数，而本节代码中对应的复合函数则可以将 zip 添加到 pipe 函数的参数末端。

复合获得的是函数，等到调用它时才会执行组成它的各个函数，所以以用方法链的标准来看复合函数天然是延迟执行的。并且函数与调用时作为参数的数据是分离的，函数作为可复用的逻辑可以应用于不同的数据。而方法链则是先创建对象或包装数据，即使延迟的方法链也需要采用特殊的设计，既一直保留调用的函数，又能替换掉被包装的数据，才能具备类似复合函数的可复用性。

链式调用的方法可以有任意多个参数，参与复合的函数则必须是单参数的，因此需要通过柯里化或部分应用将多元函数变为一元函数。也就是说，除了剩下的一个参数用来接收在函数管道中流动的数据，多元函数的其他参数都必须在复合之前确定。这个唯一的参数若是多元函数的最后一个参数，则需对该函数从左向右柯里化或部分应用；若是多元函数的第一个参数，则需对该函数从右向左柯里化或部分应用；若是多元函数的中间某个参数，则需在对该函数进行柯里化或部分应用时使用特殊的占位符。

综上可见，方法链与复合函数相比较的结果与它们所属的编程范式比较的结果一样。方法链的实现细节更多更复杂，在功能的强大和灵活性上却比不上原理和实现更简单的复合函数。我们就以一个复合函数的应用实例来结束本书。

9.4.4 函数式的 SQL

SQL 是处理关系型数据的标准语言，通过声明式的语句，SQL 能够有效地对数据进行选择（WHERE）、投影（SELECT）、排序（ORDER BY）、分组（GROUP BY）等操作。JavaScript 处理 JSON 时也会有同样的需求，利用函数管道，我们可以用一种类似 SQL 的代码形式来处理数据。以本书反复用到的列车时刻表为例，假如我们要查询某趟列车到站时间介于 8 点和 22 点之间的站点，按照停靠时间来排序，返回的数据中只包含站点名称和停靠时间两个属性。所需的函数之前都已经定义了，除了一个 defaultTo 函数，它的第一个参数是默认值，第二个参数是待检查的值，若该值为 undefined、null 或 NaN，则返回默认值，否则返回该值。

```
export function defaultTo(defaultVal, val) {
    if (val === undefined || val===null ||Number.isNaN(val)) {
        return defaultVal;
    }
    return val;
}
```

```
      const schedule = [{num: 1, stop: '深圳', arrival: null, departure: {hour: 14,
minute: 48}, dwell: null},
        {num: 2, stop: '惠州', arrival: {hour: 16, minute: 8}, departure: {hour:
16, minute: 14}, dwell: 6},
        {num: 3, stop: '赣州', arrival: {hour: 20, minute: 29}, departure: {hour:
20, minute: 32}, dwell: 3},
        {num: 4, stop: '吉安', arrival: {hour: 22, minute: 23}, departure: {hour:
22, minute: 26}, dwell: 3},
        {num: 5, stop: '南昌', arrival: {hour: 0, minute: 40}, departure: {hour:
1, minute: 3}, dwell: 23},
        {num: 6, stop: '阜阳', arrival: {hour: 5, minute: 58}, departure: {hour:
6, minute: 5}, dwell: 7},
        {num: 7, stop: '菏泽', arrival: {hour: 8, minute: 23}, departure: {hour:
8, minute: 25}, dwell: 2},
        {num: 8, stop: '聊城', arrival: {hour: 9, minute: 32}, departure: {hour:
9, minute: 34}, dwell: 2},
        {num: 9, stop: '衡水', arrival: {hour: 10, minute: 58}, departure: {hour:
11, minute: 0}, dwell: 2},
        {num: 10, stop: '北京西', arrival: {hour: 13, minute: 17}, departure: null,
dwell: null}];

    const project = f.mcurry(f.project),
        where = f.mcurry(f.filter, 2),
        sortBy = f.mcurry(f.sortBy),
        get = f.mcurry(f.get),
        defaultTo = f.mcurry(f.defaultTo);

    const dwell = f.pipe(get('dwell'), defaultTo(Number.MAX_VALUE));
    const query = f.pipe(where((o) => o.arrival && o.arrival.hour > 8 &&
o.arrival.hour < 22),
        sortBy(dwell),
        project(['stop', 'dwell']));
    f.log(query(schedule));
    //=> [{stop: "聊城", dwell: 2},
    //=> {stop: "衡水", dwell: 2},
    //=> {stop: "赣州", dwell: 3},
    //=> {stop: "惠州", dwell: 6},
    //=> {stop: "北京西", dwell: null}]
```

可以看出查询函数 query 与 SQL 的 SELECT 语句之间的相似性。SELECT 不仅可以选择现有的字段，还可以利用表达式计算出新的字段，并且为各个字段赋予新的名称。这些功能在当前例子中也能发挥作用，比如将上述返回对象的 stop 属性名改为 name，将 dwell 属性值中的 null 改为"起点/终点站"。为此，我们需要有一个比 project 功能更强大的函数 select。如何将 SELECT 语句的这些功能在 JavaScript 中用函数式编程的方式实现，还要方便用户使用，是一项有趣的挑战。project 依赖的 pick 函数，接收的两个参数分别是代表所选取的属性的字符串列表和被选取属性的对象。select 将依赖一个对应的 pickWith 函数将一个对象转换成具有新属性（名称和值）的对象。重命名一个属性需要的信息包括属性的新旧名称，计算一个新属性需要的信息包括一个返回属性值的函数和属性的名称。为了统一，前者也可以视为后者——计算一个新属性的函数直接返回原属性的值。这样 pickWith 函数需要接收的信息除了待转换的对象，就是若干双对，每个双对由一个代表属性名称的字符串和一个计算属性值的函数组成。要将这些数量不定的双对通过参数传递，剩余参数是一个选项，但一种更巧妙的设计是将这些双对组合成一个对象，双对中的字符串成为新对象的属性名称，对应的函数成为属性值。这样的参数可以看成是函数参数的扩展，通过对象一次性传递多个函数，构造和访问都十分方便，并且能以符合函数式编程的风格用作 pickWith 的第一个参数（剩余参数则不行），不妨称为函数字典。

```
export function pickWith(picker, obj) {
    let ret = {};
    for (let [name, fn] of entries(picker)) {
        ret[name] = fn(obj);
    }
    return ret;
}

export function select(picker, relation) {
    return map(partial(pickWith, picker), relation);
}


const select = f.mcurry(f.select);

const query2 = f.pipe(query, select({
    name: get('stop'),
    dwell: f.pipe(get('dwell'), defaultTo('起点/终点站'))
})));
```

```
f.log(query2(schedule));
//=> [{name: "聊城", dwell: 2},
//=> {name: "衡水", dwell: 2},
//=> {name: "赣州", dwell: 3},
//=> {name: "惠州", dwell: 6},
//=> {name: "北京西", dwell: "起点/终点站"}]
```

在上面的代码中，查询函数 query2 能够在管道中重用上一次的查询 query，并复合 select 成为新的函数，充分体现了函数式编程的威力。最后我们来看数据的分组。groupBy 接收一个函数和列表作参数，该函数应用于列表的每个元素，计算出的值就是对这些元素进行分组的依据。groupBy 的返回值是一个充当映射的对象，映射的键就是上述分组的依据，对应的值则是所有通过函数参数得出该键的元素组成的列表。

```
export function groupBy(fn, relation) {
    let ret = {};
    forEach((o) => group(ret, fn(o), o), relation);
    return ret;

    function group(container, key, value) {
        if (container.hasOwnProperty(key)) {
            container[key].push(value);
        } else {
            container[key] = [value];
        }
    }
}
```

下面的代码根据停靠时间将站点分为 small、middle 和 big 这 3 组。

```
const groupBy = f.mcurry(f.groupBy);
const query3 = groupBy((o) => {
    const time = dwell(o);
    if (time < 5) {
        return 'small';
    } else if (time < 10) {
        return 'middle';
    } else {
        return 'big';
    }
});
```

```
    f.log(query3(schedule));
    //=> {big: [{num: 1, stop: " 深 圳 ", arrival: null, departure: { … }, dwell:
null},
    //=>     {num: 5, stop: "南昌", arrival: {…}, departure: {…}, dwell: 23},
    //=>     {num: 10, stop: "北京西", arrival: {…}, departure: null, dwell: null}]
    //=> middle: [{num: 2, stop: "惠州", arrival: {…}, departure: {…}, dwell: 6},
    //=>     {num: 6, stop: "阜阳", arrival: {…}, departure: {…}, dwell: 7}]
    //=> small: [{num: 3, stop: "赣州", arrival: {…}, departure: {…}, dwell: 3},
    //=>     {num: 4, stop: "吉安", arrival: {…}, departure: {…}, dwell: 3},
    //=>     {num: 7, stop: "菏泽", arrival: {…}, departure: {…}, dwell: 2},
    //=>     {num: 8, stop: "聊城", arrival: {…}, departure: {…}, dwell: 2},
    //=>     {num: 9, stop: "衡水", arrival: {…}, departure: {…}, dwell: 2}]}
```

在 SQL 在查询语句中，GROUP BY 从句能够根据多个字段或表达式逐级分组，并且通常和求平均值、最大值等的聚合函数一起使用，返回的结果则仍然是扁平的列表，每个分组只有一行数据。要让 groupBy 函数具有同样的功能和行为，虽然很复杂，仍然是可以做到的。从函数的使用者角度来看，涉及的挑战与 select 函数相似，都是要将带有 GROUP BY 从句的查询语句包含的大量信息，以便于理解和构造的方式通过参数传递给 groupBy 函数。这些信息包括数量不定的分组信息和聚合信息，每个分组信息包括计算分组所依据值的函数和对应该分组的属性名称，每个聚合信息包括求聚合值的函数和包含该值的属性名称。有些读者应该想到了利用函数字典来传递这些信息。确实可以写出一个这样的函数，第一个参数为代表分组信息的函数字典，第二个参数为代表聚合信息的函数字典，第三个参数为待分组的列表。它的实现代码就留给有兴趣的读者做练习。

```
function groupByExt(picker, aggregator, relation) {

}
```

groupBy 函数没有写成这样，有两方面的原因。一方面 JavaScript 毕竟不是 SQL 那样的专门处理数据的语言，在现实的开发中也很少有需要利用 groupByExt 那么复杂的功能。另一方面或许更重要的原因是在需要时，groupBy 返回的对象可以经过其他函数的处理，同样实现 GROUP BY 从句的各种功能。也就是说，groupByExt 可以被 groupBy 和其他若干个函数的组合取代，这样一个复杂的专用函数就化为了一个适用性更强的简单版本，并且可以与 groupBy 配合使用的那些函数也都是处理对象和数组的通用函数。这种方案无论对函数的编写者还是使用者都更轻松。那么问题来了，与 groupBy 配合使用的函数是什么？它们怎样应用于 groupBy 返回的对象实现 GROUP BY 从句的功能？

用 GROUP BY 从句的功能作为标准来看，groupBy 函数已经做到了根据单个字段或表达式分组。要实现根据多个字段或表达式逐级分组，最简单的想法就是遍历 groupBy 返回的对象，对应于每个键的列表应用 groupBy 函数。求聚合值的思路也一样，对应于每个键的列表应用某个聚合函数就可以了。针对对象这样的计算，容易让人想到 map 函数，它就是遍历列表的每个元素并应用函数参数于其上，差别仅仅是这里需要遍历的是对象的属性。很容易写出让对象和列表相互转化的一对函数，其中一个函数将一个对象转化为一个列表，列表中的每个元素为一个双对，其成员分别是对象某个属性的名称和值；另一个函数将一个列表转化为一个对象，逻辑与前一个函数相反。在这对函数的帮助下，map 就能够应用于对象。

不过函数式编程还有更简洁的做法，既然对列表能应用 map 函数，对对象也就能应用算法类似的 map 函数版本。更一般地，map 能被应用于其他类型的对象，只要它们具有一个遵循特定规范的 map 方法，所有这些对象都称为 Functor。此外，函数式编程还有 Monad、Lens 等许多看上去或晦涩或有趣的概念和技术。利用这些工具就能够以某种命令式编程从未见识过的方式解决问题。当然，这些高级的概念都不是 JavaScript 原有的，理解和实现它们所需的时间和代码比本书已经介绍的概念要更多和更复杂。假如本书能受到欢迎，我或许会写一本《JavaScript 高级函数式编程思想》来介绍它们。

9.5 小结

本书此前的各章已经介绍了函数式编程的思想、技术和特点。以此为参照，主流的面向对象编程的理念和技术有什么问题，函数式编程是否是更好的选择则是本章讨论的主题。本章首先分析了面向对象编程的 3 个常被作为优点来介绍的特性——封装性、继承性和多态性，然后遍历了 JavaScript 在对象编程的不同场景中使用的技术，接着从函数式编程的视角给出评判和解决方案，最后用方法链和复合函数两种技术的对比来作为一个具体的应用场景下函数式编程取代面向对象编程的案例分析。